インコのましゅマロ 6

タクセニョリータ

まえがき

我が家は一羽のセキセイインコを飼っている名前をマロ
マロ～！おいで～
漫画描いてるやつ
タクセニョリータ
マロは呼ぶと
持ち前の大きな翼を使って
たったったったっ
たったったったっ
…飛んだりはせず地べたを走ってくる
たったったったったっ
セキセイインコ
マロ
鳥だって飛ぶのは疲れるのだ
よじよじ
そんな気づきをくれる一風変わった白いインコと楽しい毎日を過ごしている
そんな我が家にはぼくが生まれた時からインコがいた
初代　あおちゃん
2代目　みるちゃん
中でも2代目のみるちゃんはぼくが小学生になった時に雛から飼い始めたためとても仲が良かった
学校から帰るとすぐにみるちゃんと一緒に遊ぶ毎日
ぼくにとってみるちゃんは大親友だった
そんなある日
ん？何描いてるの？
タクセニョリータの母
母

あ!
すごいじゃん!!
みるちゃん
描いてんの?
?
うん
この前みるちゃんが
ブランコを全力で
こいでるのが
面白かったから
絵に描こうとしたんだけど
やっぱ一枚の絵だと
わかりづらいっ
ふーん
なんだって
いいけどさ
絵じゃなくて
漫画にして
描けばいいのに
はっ
え~
無理だよ
なんで?
だって
どう描けばいいか
わかんないし
でんっ
あんなに
漫画ばっか
読んでんだから
描けるわよ
…あんな
うまく
描けないよ
漫画家に謝れ
うまくなくたって
いいのよ!
漫画なんて読めれば
なんでもいいの!
そうだね!
読めればなんだって
いいね!!
そうよ!
そういうもんなの!!
母のアドバイスによって
ノートや紙にたくさん描いた
みるちゃんとの日々の様子を
大好きなみるとの思い出を
大好きな漫画で残すことが
できてすごく楽しかった
次はみるちゃんを
主人公に
ヒーロー漫画を
描くんだ
そこに登場する
仲間を今考えてて
ピー
マロ
MARO
この子は
マシュマロから
生まれた
やつなんだよ
これからもみるちゃんと
もっともっと楽しく漫画を
描いていこう
そう心に決めた
けれど
ある日突然
みるとの楽しい生活は
終わりを告げた
長年描き続けていた漫画も
そのつづきを描かれることは
なくなってしまった
幼い頃の僕にとって
突然の親友との別れは
とても耐えられなかったのだ
ピー

2年後
いってきまーす
あっ ねえ!
みるちゃんとお別れしてからもう2年も経つしそろそろ新しいインコ飼わない?
え? あー…うん そうだね
でもなぁ インコを見ると みるちゃんのことを 思い出しちゃって…
ずーん
じゃ…じゃあ みるとは全然違う 色の子を飼おうよ
それなら大丈夫でしょ?
ん〜 そうだね〜
全身が黄色いインコとかかわいくない?
あ! たしかに!! 我が家では一度も飼ったことないよね
そう!!
というわけで母が黄色のインコを飼ってきてくれることとなった
じゃあ よろしく!
おっけー
ペットショップ吉田
ウィーン
あの〜 すみません
ギャー
ビー
ピー
セキセイインコのヒナってどこですか?
あっはい! ご案内しますね
こちらになります
おおぉ!!
でんっ
え〜っと 黄色黄色…
あ! いた!!

この子ちょっと触ってみてもいいですか?
かしこまりました! 今出しますね
うわあぁ!
でんっ
すっごいかわいい…
ちらっ
じーっ
…
あのー
あのー お客様?
ばっ
お客様!!
わあ!!
どうかされましたか?
あ…いえ! この子を飼います!!
かしこまりました!
では念のためこの子の健康チェックをいたしますね
ぴょいっ
あっ…
え?
すみません この子ちょっと体調が優れないみたいでして…
一度こちらで治療をしなくてはならないので本日この子はお譲りすることができません
あら～… そうなんですね
他の子でしたら大丈夫ですがいかがですか?
ん～…
あ!
じゃあ あの子で!!
ありがとうございました～
ペットショップ
るるん、るんっ どぅんっ
ずーん
でもなぁ インコを見るとみるちゃんのことを思い出しちゃって…
じゃ…じゃあ みるとは全然違う色の子を飼おうよ
それなら大丈夫でしょ?
ん～ そうだね～
…
ぴたっ
あ
やばい
白い子買っちゃった
インコ

帰宅後
た…
ただいま〜
インコ
飼ってきたよ
まじで⁉
でんっ
インコ
本当だ‼
2年ぶりの
インコだから
めちゃくちゃ楽しみ‼
ワクワク
ワクワク
ワクワク
ワクワク
うん…
黄色の子がいたら
買ってくるって言ってたけど
ちょうどいたんだね
カサ…
それなんだけど
実は…
そういえば
名前決めないと‼
黄色だから
はにーとか
ゆずとか…
いや…
あのね…
れもんちゃんとか
かわいくていいか
うん…
そうだね
でも…
ぴよろっ
え
めっちゃ白やん
ご…ごめん
黄色にしようとしたんだけど
この子になぜか惹かれて…
まぁ名前はあとで
ゆっくり決めたり
マロだ‼
君は
マロだね?
プ
こうして
マロとの生活が始まった

ブッ
ブッ

もくじ

マロと家族の日々

他の鳥との交流

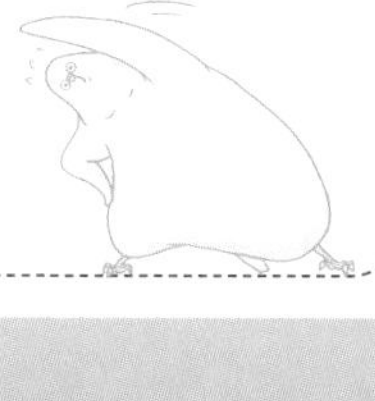

あ゛あ゛あ゛あ゛あ゛あ゛あ゛

マロと家族の日々

2歳児の知能

インコはわりと頭がいい
人間でいう2歳児並みの知能を持っているという
というわけで試してみた
今からこのキャップをどっちかの手に隠すからどっちにあるか当ててね
ブッ
さぁっ！どっちだ!!
右ね？
あ゛あ゛あ゛あ゛あ゛
…
い…今のはちょっと難しかったかもしれないね
次もさっきと同じ左の手に隠すよ！
ブ!!
左の手の中にあるからね？
ブィ!!
ばっ!!
よし!! 左と左と左どっちでしょう!!
だから左だって
ブィ

うんちしない系男子

よしっ あそぼっか!
先にうんち でそうだったら しちゃって
ブッ!
もちっ
プヒッ
うんち いいの?
ブッ!!
あ もしかして うんちしない系 男子?
ココンッ
コンッ
コンッ
ブィ!!
お茶
まじか!! すごいじゃん!!
なに うんちしない系 男子って
いつうんちするか わかんないから よく見ててよ
大丈夫だよ マロは うんちしない系男子 だから
プリッ
うんちっっ!!
あっ!!
ブッ
どこいった?
プ
ちがう それ 過去のうんち
プ?
うんち してるやん

3D

今からマロと迫力満点の3D映像ごっこやるからノリ合わせて
？…わかった
ゴオオオオ
うわぁ!!
ブォオ
めっちゃ近い!!ほんとに飛び出してるみた…
い…
ぺす。
…
サー
うわぁほんとにさわれそう～
す。
すー
ぽす。
ぽす。
ぽす。

当たっちゃおしまいだろが‼
ブンッ

あ゛あ゛あ゛あ゛あ゛あ゛あ゛

shake!

サラダはまず
ドレッシングをかけて
フタを閉める
ブィ
そして… 振る!!
シャカ
シャカ
シャカ
シャカ
ちょっと～ 気を付けてよ
シャカ
シャカ
シャカ
ダンス♪
ダン
ダダン

好奇心

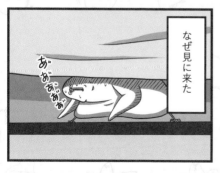

さて
掃除機かけよっと
あ…
そういえば
この前…
ババババ
え!?
ヴィイイイイイイン
はっ
ご…ごめん!!
掃除機
怖かった!?
ハァ…
ハァ…
別にあんたを
吸い込むつもり
ないけどね…!?
あ゛あ゛あ゛あ゛あ゛
っていうことが
あったから
今日はカバー
かけるね
バサッ
ねんねしよ?
ヴィイイイイイ
イイイ
イイイイイイイー
落ち着いてるね
カバーかけて
良かった…
なぜ見に来た
あ゛あ゛あ゛あ゛あ゛

オープン

よいしょっ
じゃあ今日も掃除機かけるから布かけとくね
ブッ
ねえ見てw
ん？
また覗いてるよw
ほんとだw
※怖いなら見るなって言ってるのに
ヴィイイイイイイイイイイイ
マロごめんね一瞬だけ近く通るよ～
ヴィイイイイイイ
あ
ズボッ
シュバッ
やんっ

※「好奇心」参照

シュバンッ

母によって
掃除機不吸引条約が
破られた瞬間だった

かくれんぼ

飼い始めの頃
すっぽり
マロはキッチンペーパーの中に潜るのが好きだった
あ またすっぽり潜ってる！
隠れてるのよ きっと
ブイ
それは数年経った現在でも変わらない
でんっ
大きさ以外は
隠れてるつもりなのかしら…

うぇーいお茶

我が家では緑茶の
●〜いお茶が大人気
うぇ〜い
お茶
毎日家で飲み続ける
もんだから
しゅばっ
ん？
飲むの？
飼っている鳥まで
●〜いお茶が大好きに
なってしまった
おれの分
無くなるから
飲みすぎないでね
ガブ
ガブ
じゃあどっちのほうが
●〜いお茶愛が強いの？
え？そりゃもともと
お茶が好きだった
おれのほうが
●〜いお茶愛強いでしょ

負けました
うぇ〜い
お茶
ぎゅっ
商品の全てが好き

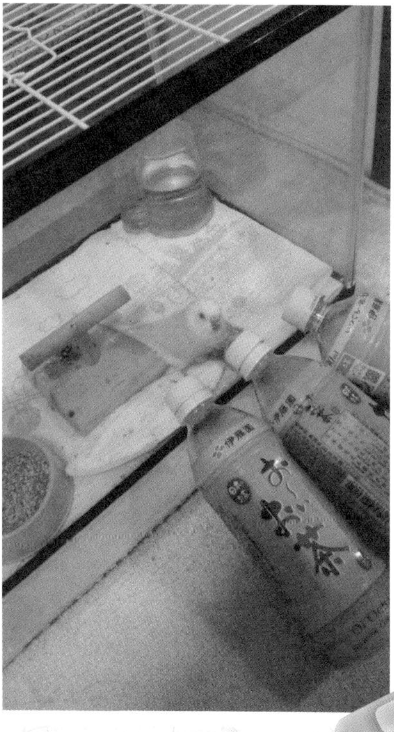
伊藤園

ギャップ

フクロウを初めて触った時
そーっ
体だと思っていた部分が
すぽっ
え⁉
ほとんど羽毛だったということに驚いた
そーっ
我が家のインコの時は
むにっ
ほとんどお肉だったことに驚いた

擬態

〈問題〉
カメレオンはどこだ?

じーっ
〈正解〉
木の枝に擬態して
隠れていました

ブィ

〈問題〉
マロはどこだ?

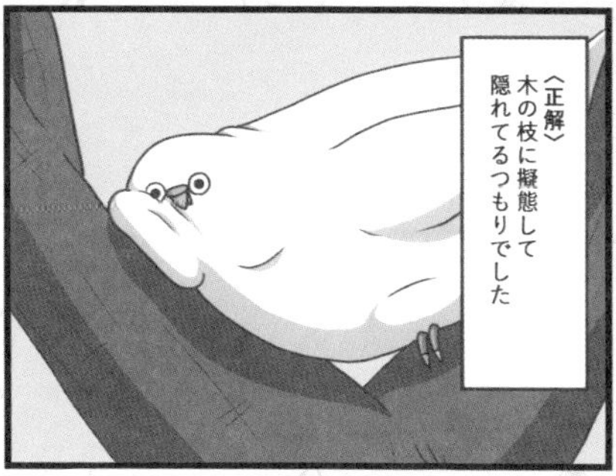
〈正解〉
木の枝に擬態して
隠れてるつもりでした

コントロール

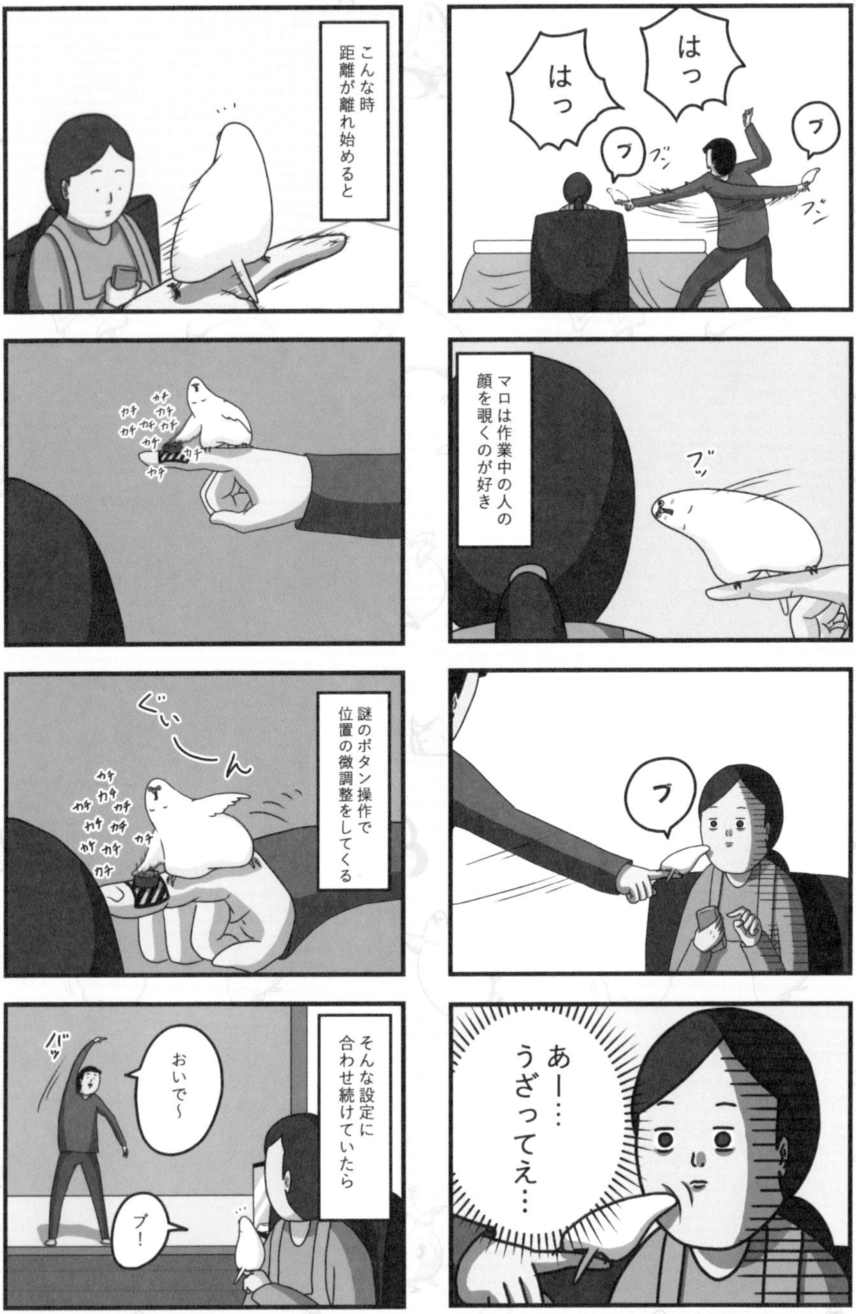

はっ
はっ
ブ
ブン
ブ
ブン
マロは作業中の人の顔を覗くのが好き
ブッ
ブ
あー…
うざってえ…
こんな時距離が離れ始めると
カチ カチ カチ カチ カチ カチ カチ カチ カチ
謎のボタン操作で位置の微調整をしてくる
ぐいーん
カチ カチ カチ カチ カチ カチ カチ カチ カチ カチ
そんな設定に合わせ続けていたら
バッ
おいで～
ブ！

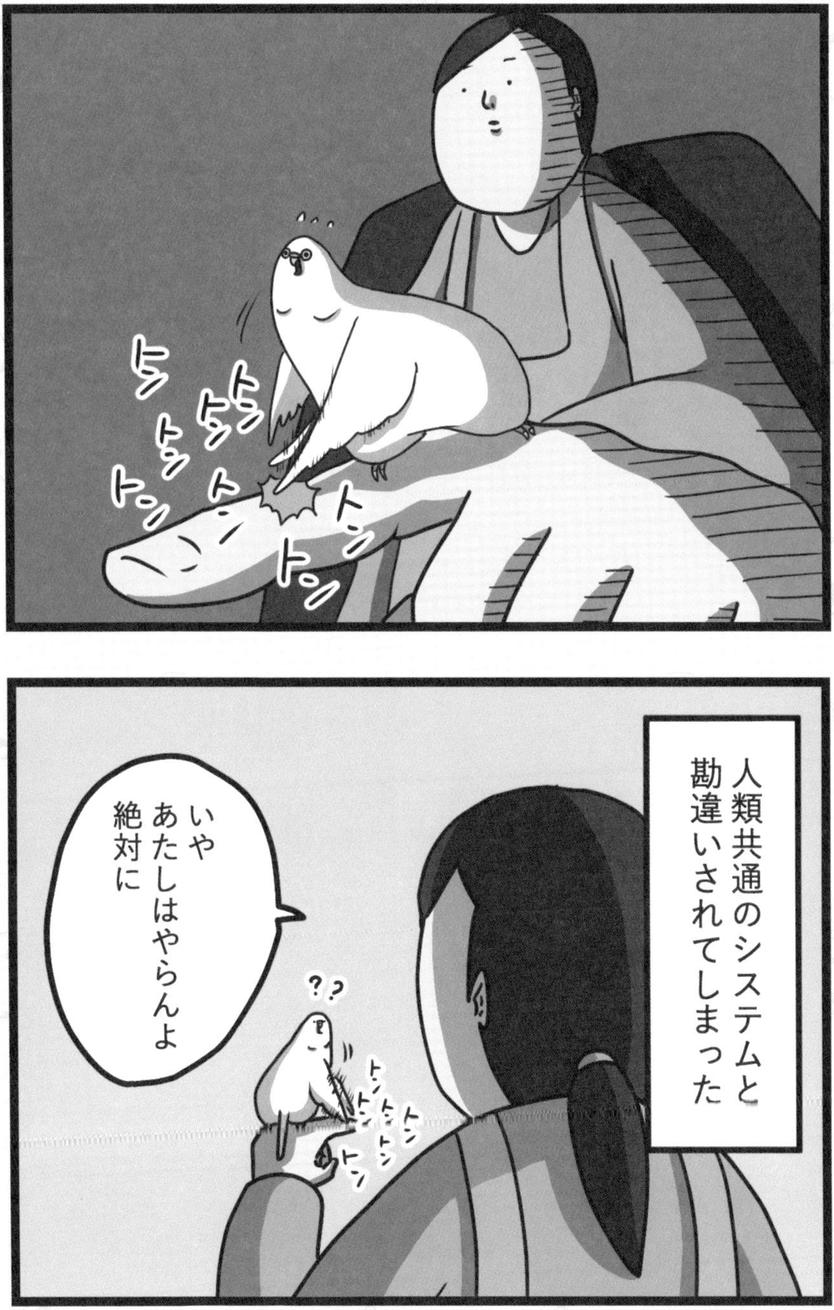
トン
トン
トン
トン
トン
トン
トン
トン
人類共通のシステムと
勘違いされてしまった
いや
あたしはやらんよ
絶対に
??
トン
トン
トン
トン
トン

ガード

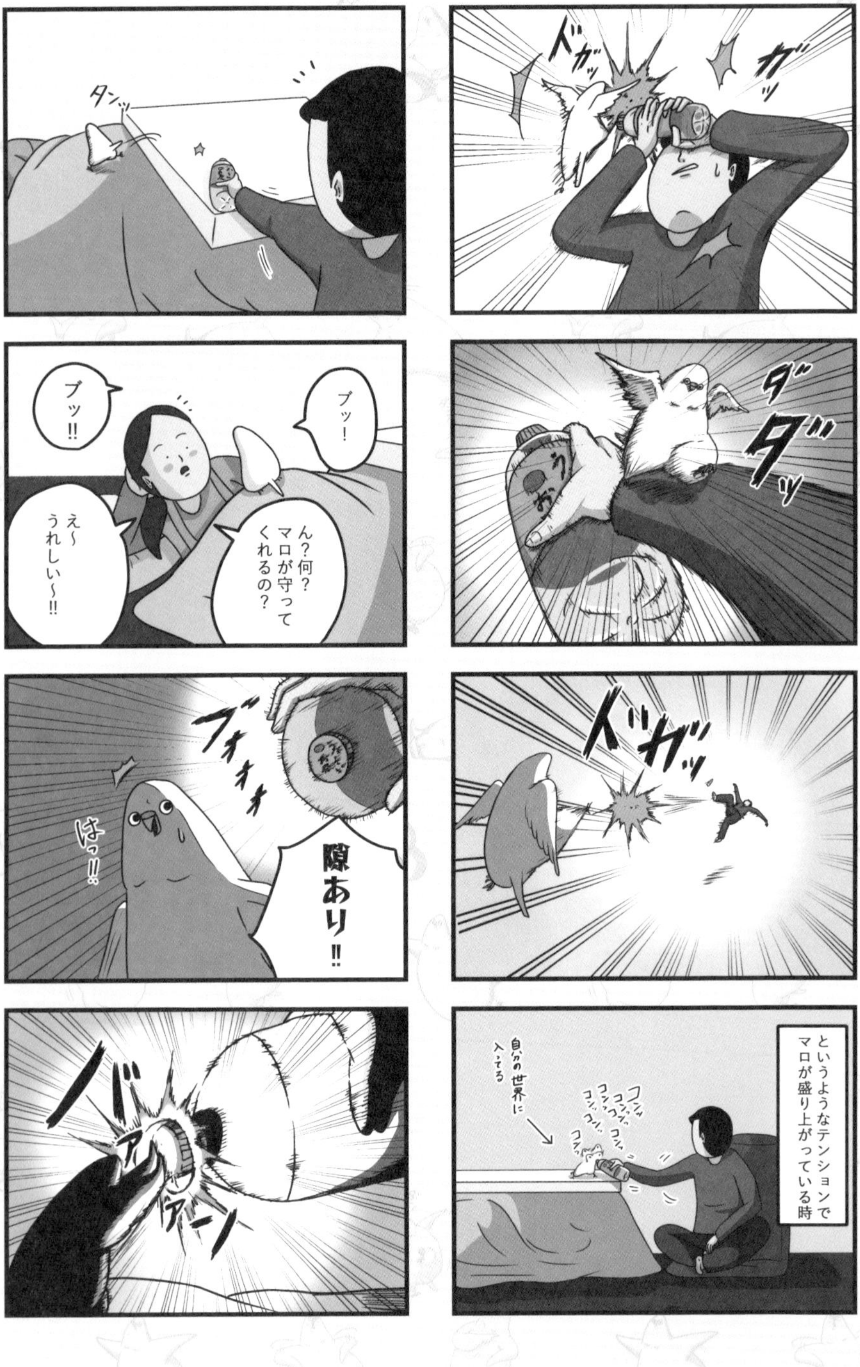
ドガッ
ガッ
ダダッ
ドッガッ
というようなテンションでマロが盛り上がっている時
自分の世界に入ってる
コンッ コンッコンッ コンッ コンッコンッ コンッ
タンッ
ブッ!
ブッ!!
ん?何?マロが守ってくれるの?
え~うれしい~!!
ブォオオオ
はっ!!
隙あり!!
バァアーン

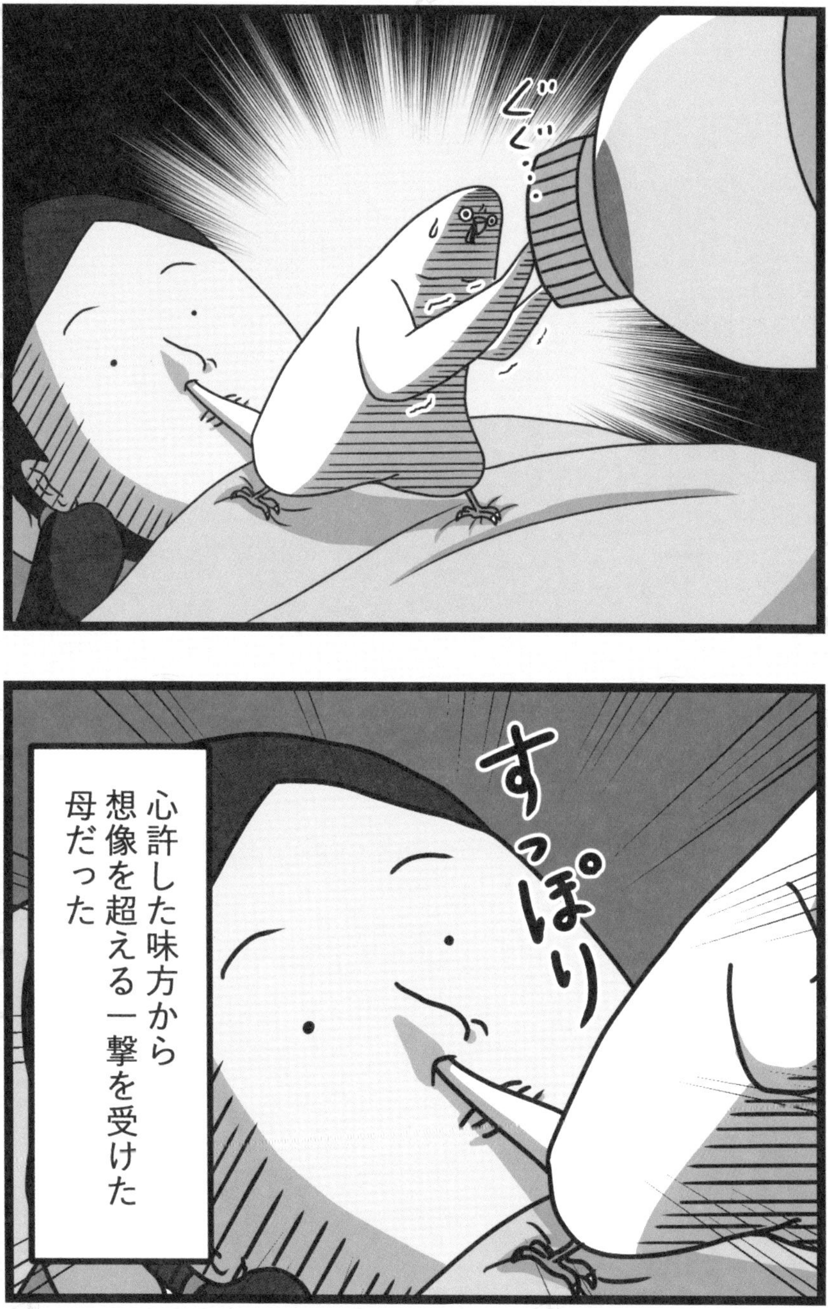
ぐぐ…
すっぽり
心許した味方から
想像を超える一撃を受けた
母だった

落穂拾い

憑依

小学生の時はよくテレビの心霊特番を観て友だちと盛り上がっていた
昨日の観た⁉あの人急に幽霊に憑りつかれちゃってたよな‼
観た‼あの霊媒師さんいなかったらあの人やばかったよね‼
ブイ
昔は自分も憑りつかれちゃったりするんじゃないかってよく怯えてたな〜
あんた怖がるくせによくその番組観てたよね
まぁそういうスポットに軽い気持ちで行ったりすると憑りつかれることもあるかもしれないけど
日常においては明るく楽しく過ごしてれば大丈夫だよね
まあね…でも
あんたすでにトリつかれてるわよ

かまちょ

ちょっ…
あ゙あ゙あ゙あ゙あ゙
あ゙あ゙あ゙あ゙あ゙
ゆっさ
ゆっさ
ちょっとやめっ…
ああ!!
ずりっ
あ゙ー!! 作業できなぁぁい!
ジタバッ
だああああああ
…あれ?
いない…
すっ
よし…
ん?
ほいっ
ああ…

やっぱ無理か…
また来た…
あ゛あ゛あ゛あ゛あ゛
キィイイ イン

サプライズ!!

9月10日はマロの誕生日
ダダンッ
ぐぐぐぐ…
ブ
ブィッ
ヴィィ…
というわけでサプライズとしてマロに大きな家をプレゼントすることにした
密かにサプライズの準備を進めていき
いざ、計画実行の時が来た
ササッ
サッ
まだ見ちゃダメだよ
ブ？
ブ？
サプラァァイズ!!
はたしてその反応は？
ぽ〜
…
…ん？

あれ…?
なんか気づかない?
…
ブ?
見事サプライズ大失敗!!

プレミアムシート

よく家で歌っていると
マロもリズムを刻み始める
♪〜♫
こうして2人で
ステージの上に立ち
盛り上がっているという妄想で
楽しんでいる
MARO
ブィ
と思っていたら
隣で演奏していた
バンドメンバーが突然
最前列プレミアムシートを買った
熱烈なファンへと変貌した
近…
MARO
ダンス♪
ダン
ダダン

ステルスミッション

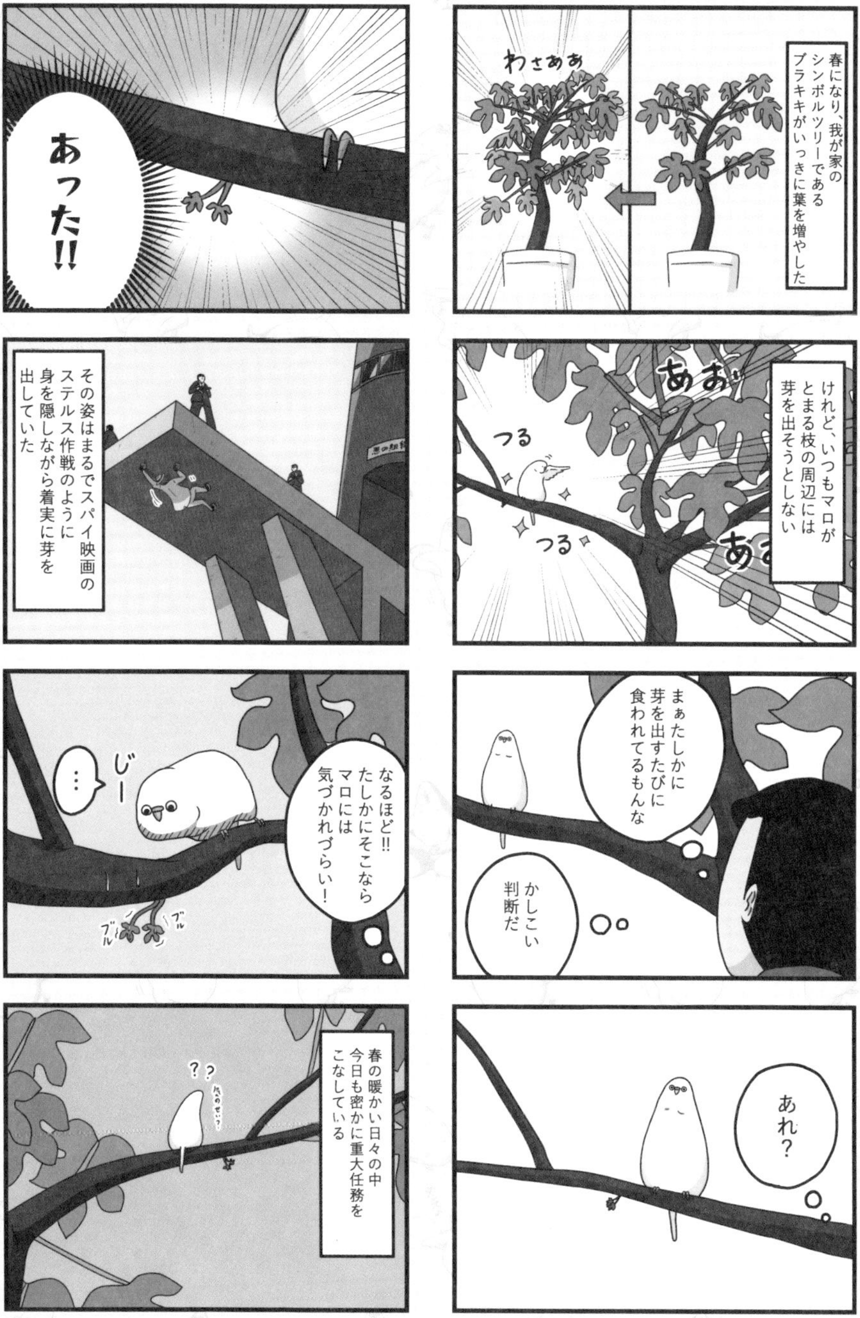

春になり、我が家のシンボルツリーであるブラキキがいっきに葉を増やした
わさああ
けれど、いつもマロがとまる枝の周辺には芽を出そうとしない
あおぃ
つる
つる
まぁたしかに芽を出すたびに食われてるもんな
かしこい判断だ
あれ?
あった!!
その姿はまるでスパイ映画のステルス作戦のように身を隠しながら着実に芽を出していた
なるほど!! たしかにそこならマロには気づかれづらい!
…
じー
春の暖かい日々の中今日も密かに重大任務をこなしている
??
気のせい?

ストレス

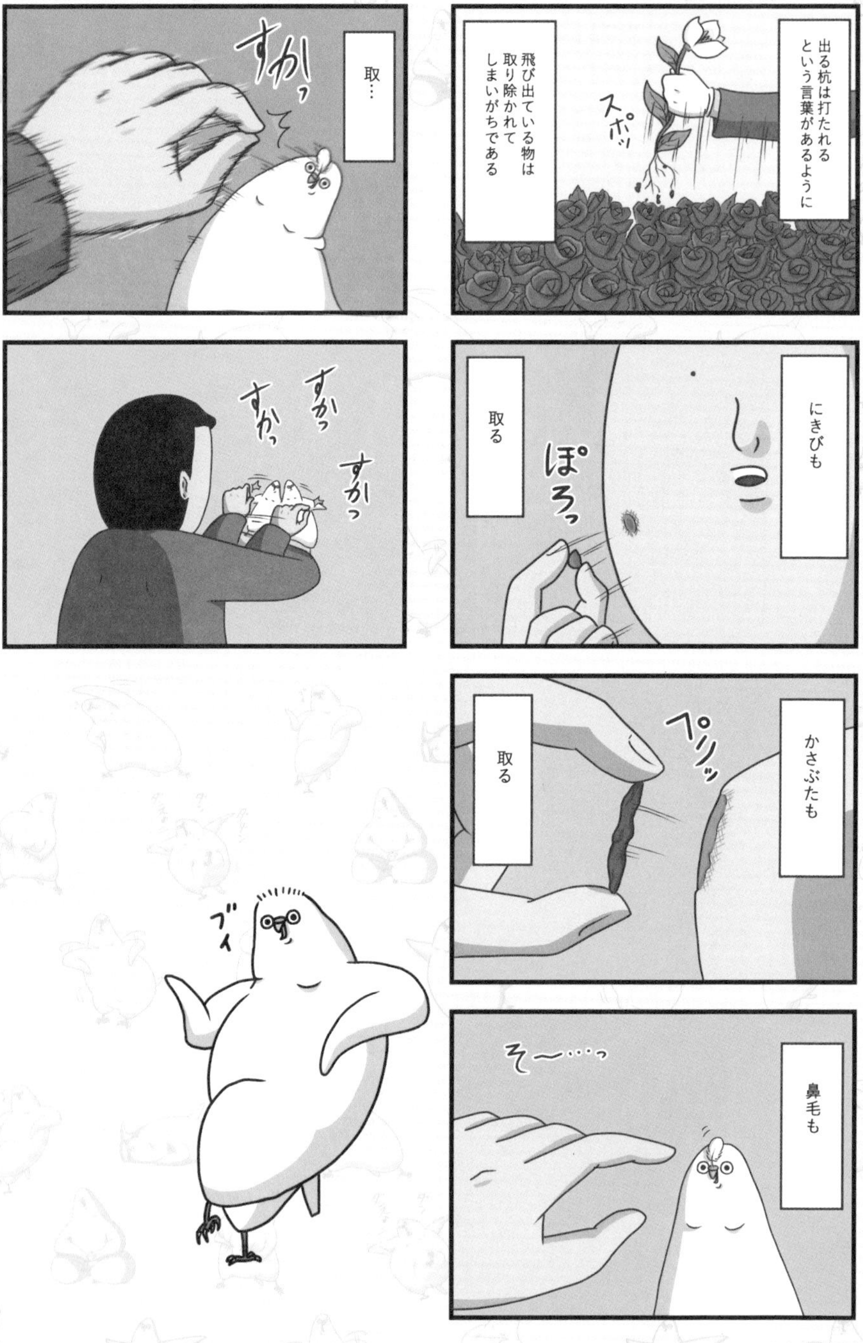

出る杭は打たれる
という言葉があるように
スポッ
飛び出ている物は
取り除かれて
しまいがちである
にきびも
ぽろっ
取る
かさぶたも
ペリッ
取る
鼻毛も
そ〜…っ
取…
すかっ
すかっ
すかっ
すかっ
ブイ

すみっこ

ねぇねぇ
すみっ●ぐらしって人気だよね
実写にしてもかわいいだろうね
実写版見たい？
え 実写化してるの⁉
うん
ほら
◎△♬&ブヒ…%¥§÷ ΞΘねんねし川♭…δυ εヌでしょ？ φ✳…！3Ξコ☆…ブヒ¶
ボソ…
ボソ…
あ ほんとだ
えっと… あれって何してんの？
秘密の地下室的なかんじじゃない？
あ〜 なるほど…

…実写って難しいよね
だね
△☆※§ヴォ… α÷η…χ∆Д♬

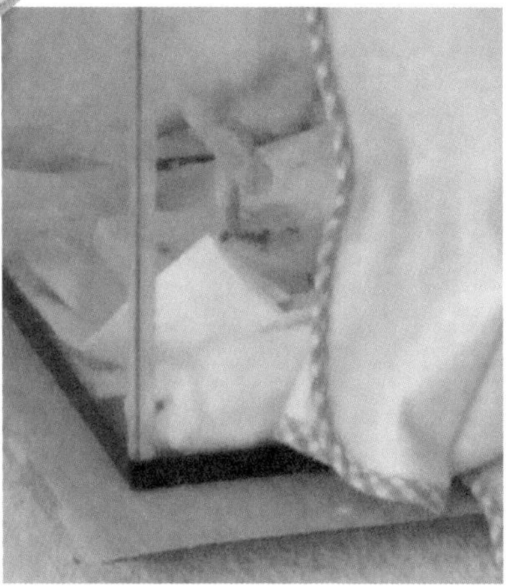

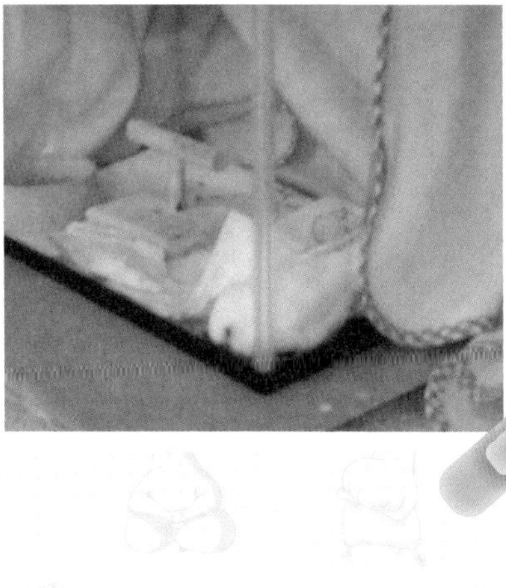

プレゼント

クリスマスの朝には普段起きるのが苦手な子でも早起きをする
なぜならこの日の朝は多くの願いが叶っている特別な朝だからだ
すっ…
マロにはサプライズでたくさんの●~いお茶のフタをあげることにした
とっ
ばっ
マロ!おはよう!! アンド メリークリスマス!!
ブッ!
じゃーん!
あ!ほらマロ!ちょっと見て!! あ…ちょ…
ブッ!!
ぐいっ ぐいっ
これなんだろ? もしかしてサンタさんじゃ
ブイ!
そんな物(プレゼント)よりも早く外に出て遊びたくて全くプレゼントに気づかない
ねんねした!!
ガシャンッ
あ~も~……
ブ?
すたっ
じゃらっ じゃらっ
じゃらっっ…
ひょいっ
結果的に なんかうまくいった

マブダチ

それから数日経った
ある日の帰り
ででん
ででん
テロリン♪
母
テンション上がらないみたい
!?
虚無感やば…
帰宅時
ぐ～
ふぅ…
ただいま～
さてと…
あそびますかっ♪
ブッ♪
こわ…
お留守番の時の
テンションと全然
ちがう…
ん？
何の話？

ポロッ

マロはこんなふうに
キャップを使って
遊ぶのが好き
しゅっ
しゅっ
ん?
ブッ
ブッ
ブッ
ブッ
ごはんの
食べカス
あっ
口にえさが
ついてるよ
ブ?
コンッ
よっと!
いや~
どういたしまして!
コロッと取れた時
気持ちいいよね
ブッ!
ブッ
フリ
フリ
ビクッ
ああ!!
!?
ササッ
ビクッ
くちばしがぁ!!
ささっ

…ってあれ？
ブッ

よかったぁ
くちばしとれて
とんでっちゃった
かと思ったよ～
んなことあってたまるか

む〜

あ
いいなぁ
む〜
…
むーっ
マロ！
こっちにも
む〜して!!
！
いえい
スタッ
むーっ
あ？
ぼんっ
てれっ
まちがって
おなか
だしちゃったの？
てれっ
ブヒッ
ほっぺにむ〜
しようとしたら
おなかめりこん
じゃったw
もう〜
なにしてんの!!
じゃあ
もう一回ね！
ぼんっ
？ ？
あ…あれ〜？
また
まちがえちゃった？w
てれっ
ブヒッ!!
じゃあ
もう一回！
わざとじゃん
ぼんっ
バッ

よいしょ

何かを持ち上げたり立ったり座ったりする時に
…
よいしょっ
必ずよいしょと言ってしまう様子を日々見続けたマロが
よいしょー!!
代わりによいしょと言うようになってしまった
どさっ
人のよいしょを奪う『よいしょ泥棒』である
よいしょっ!!
バッ
よいしょー!!
よいしょ
よいしょ?
よいしょっ
よいしょっ!!
よいしょーっ!!
ある日
よ…
よい…
ぐぐぐっ
あっ
そうだマロ…今こそ日々の練習の成果を出す時だ
よいしょと言え!
ぐぐぐぐ…
ここで言わずに他にどこで言うんだ!!
よ…
よいしょと言うんだ!!
よい…
プンッ
プンッ
プンッ
プンッ
プン?

レア

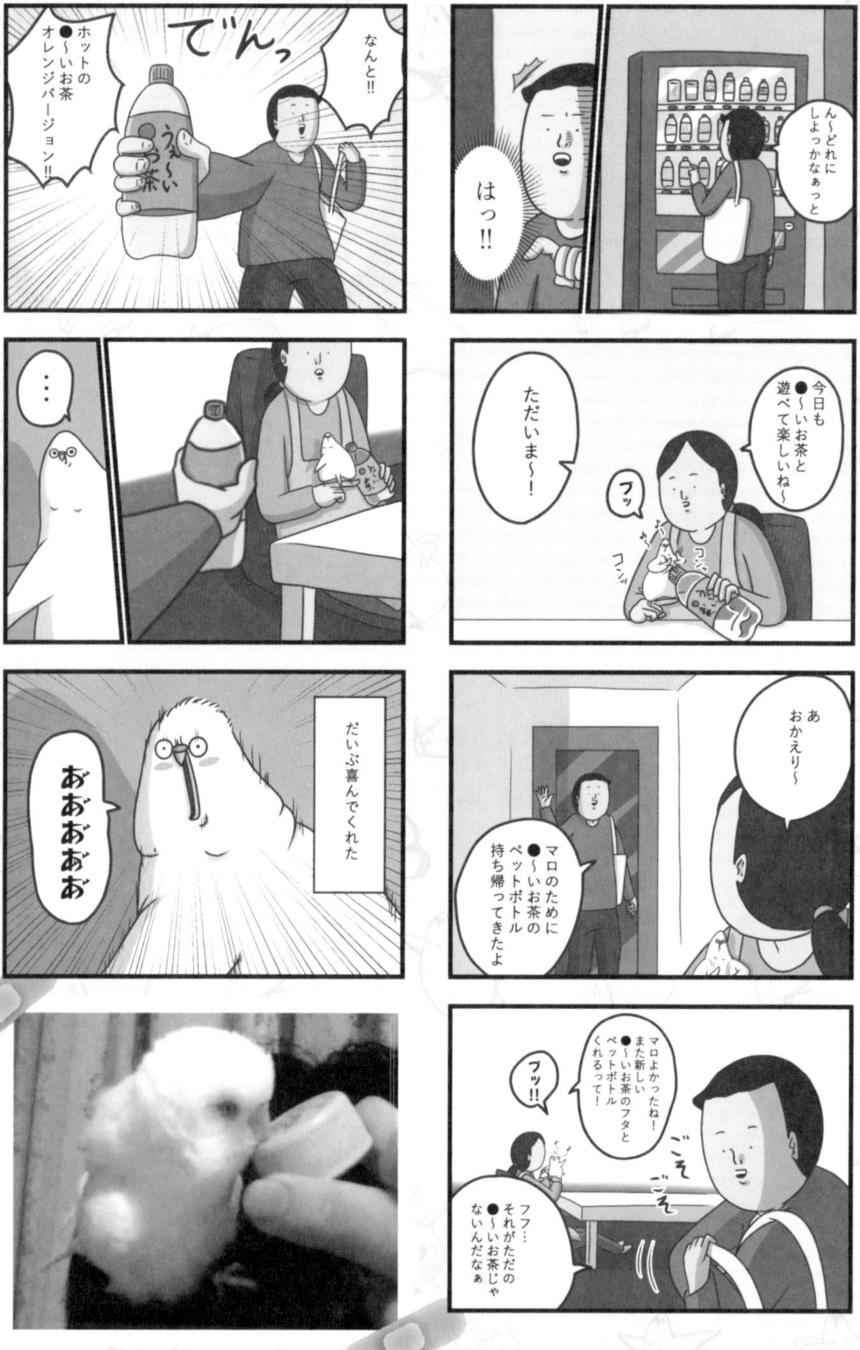
ん～どれにしよっかなぁっと
はっ!!
今日も●～いお茶と遊べて楽しいね～
ブッ
ただいま～！
あおかえり～
マロのために●～いお茶のペットボトル持ち帰ってきたよ
マロよかったね！また新しい●～いお茶のフタとペットボトルくれるって！
ブッ!!
ごそごそ
フフ…それがただの●～いお茶じゃないんだなぁ
なんと!!
ホットの●～いお茶オレンジバージョン!!
でんっ
…
だいぶ喜んでくれた
ああああああ

隠れる

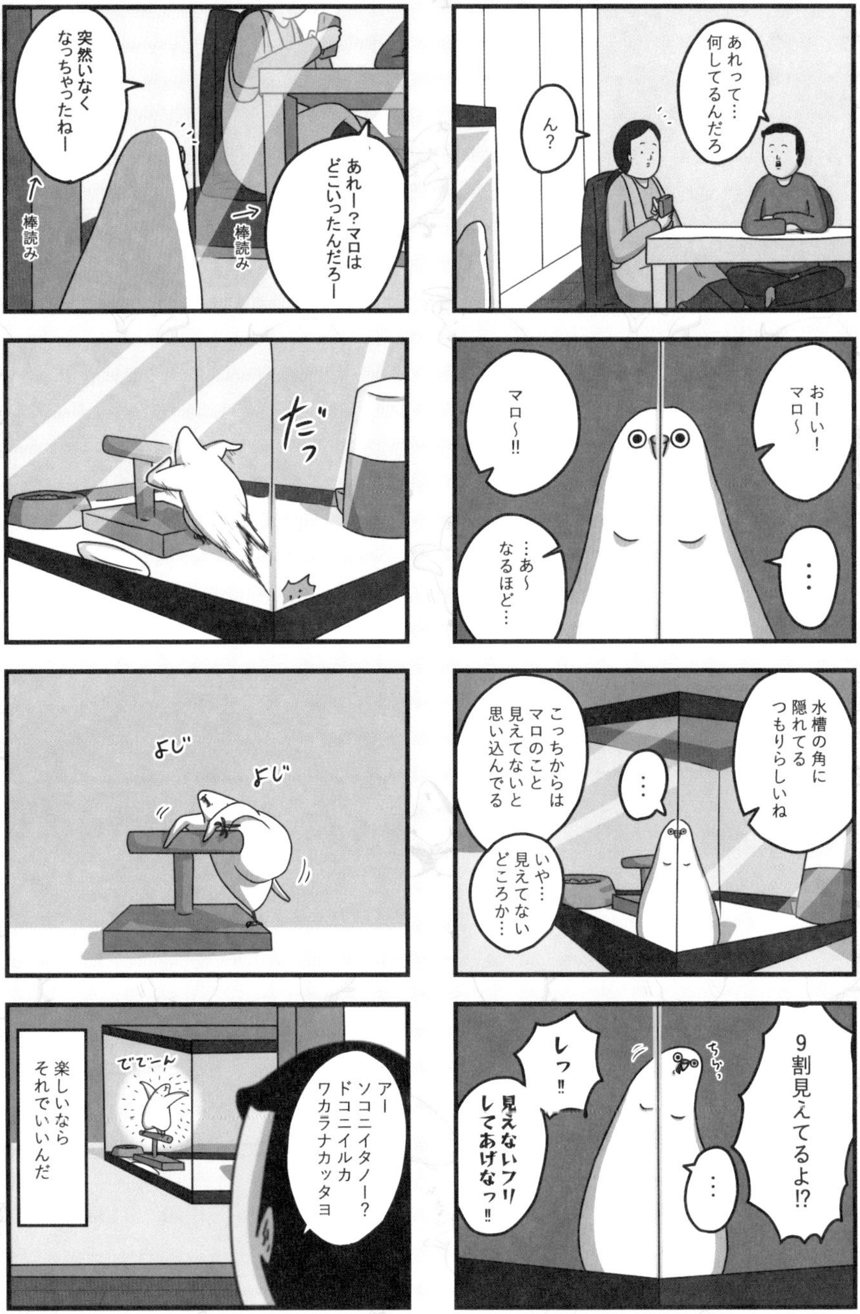
あれって…何してるんだろ
ん？
おーい！マロ〜
マロ〜!!
…
…あ〜なるほど…
水槽の角に隠れてるつもりらしいね
こっちからはマロのこと見えてないと思い込んでる
…
いや…見えてないどころか…
9割見えてるよ!?
ちらっ
しっ!!
見えないフリしてあげなっ!!
…
突然いなくなっちゃったねー
←棒読み
あれー？マロはどこいったんだろー
→棒読み
だっ
よじ
よじ
ででーん
アーソコニイタノー？ドコニイルカワカラナカッタヨ
楽しいならそれでいいんだ

ワキワキ

マロ～ あ！いた
ブッ♪
ブ♪
フリ フリ フリ フリ
おーい
ピャッ ピャッ
ワキ ワキ ワキ ワキ
え
ワキ ワキ ワキ
それ何…？ どういう意味なの？
わかんないけど 手に 反応したよね!?
…
…
フリ フリ フリ
バッ
ピャッ ピャッ
ワキ ワキ ワキ ワキ
うわ!!やっぱ そうだ!! え、なんで!?
フリ フリ
一緒に 盛り上がって くれてんの？
すごいじゃんっ!!
ワキ ワキ ワキ ワキ ワキ
ブッ
ブッ！
かっちょいい じゃん!!
フリ フリ フリ フリ
ワキ ワキ ワキ
ねえ!! ちょっと 見に来て!!
何～？ 忙しいんだけど
いいから！ 時間稼いどくから 早く！

もうちょっとそのままワキワキ続けててね!!
ワキワキ
ワキ
ワキ
ワキ
ワキ
・・・
あと1分でいいから!!いや、あと5分!
ほんとにもうちょっとだから!
おまたせ~…ん?何を見ればいいの?
何事もほどよく
・・・

愛の底力

ん?あぁ
今作業してるから
じゃましちゃ
ダメだよ
あ゛あ゛あ゛
あ゛あ゛
バッ
あ!
マロ
どこいくの!!
今の
きいてた!?
じゃましちゃ
ダメよ!!
すす…
たっ たっ たっ たっ
はっ
・肩にとまりたい
・高い
・飛ぶのはめんどい
ブ…
ポク ポク ポク ポク
ポク ポク

あれ？マロは？
んっ
んっ!!
ん？
鳥やめたの？
だあっ
よじ
よじ

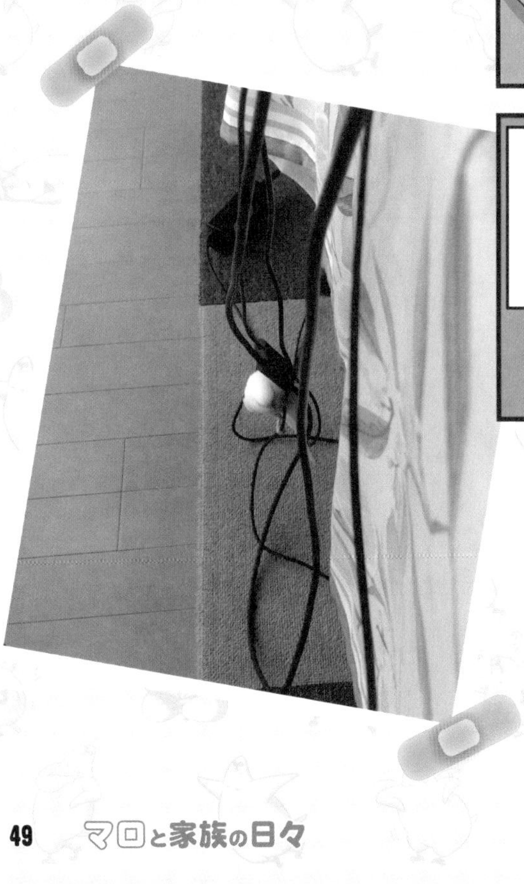

競争

ある日の食事中
マロ…？
ちらっ
ガツガツ
ちらっ
ちらっ
いや… そんな焦らなくても… ゆっくり食べなよ
あせっ
あせっ
あせっ

焦る理由は謎だが この表情なら過去にテレビで観たことがある
むぐ
もぐ
あ あの顔って…
大食い大会の番組で焦ってる人だ

外出準備

ねんねした!!
ん?
あそぶの?
ブッ!
あそぶ準備とかはできてるの?
…ブ…
まだだったんかいっ
サッ
サッ サッ
一応聞いといてよかった…
ねんねした!!
ねんねした!!
ねんねしたしたし!!
ねんねしたし!!
よいしょ
はいよっ じゃああそぼっか
…ブ…
まだ終わってないんかいっ!!
ぐぐ
でもなんか気持ちわかるよ

行水

自慢

パパパ。パパ
さぁぁ
ズっ
パパパパパパ
おいで！
のえさ
ガッ
ガッ
ヴィ～
ぶにっ
のえさ
もぐもぐ
めっちゃこっち見てくる…
「いいでしょ」ってことじゃない？
もぐもぐ
やたらと幸せ自慢をしてくる
ぐぐぐ
ちら…
はいはいうらやましいうらやましい

実物

あ
ねぇ！もうマロのエサ無くなる！
ほんと!? 新しいの注文しなきゃね
とりのえさ
あった！これだ!!
¥369
とりのえさ
あれ？でも隣にも同じのある…
しかもこっちのほうがちょっと高い…？何か違いあんのかな？
¥630
ポチッ
とりのえさ
よくわかんないけどマロのためだから高いほうにしよっか！
ブッ
¥630

後日
くっ…
えぐいのきた
ぐっ

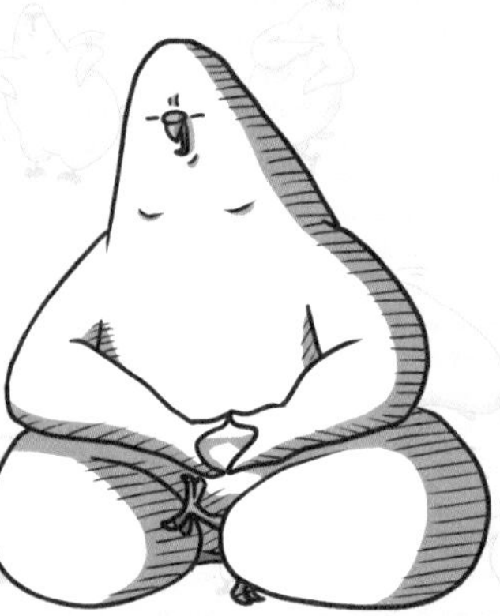

手乗りインコ

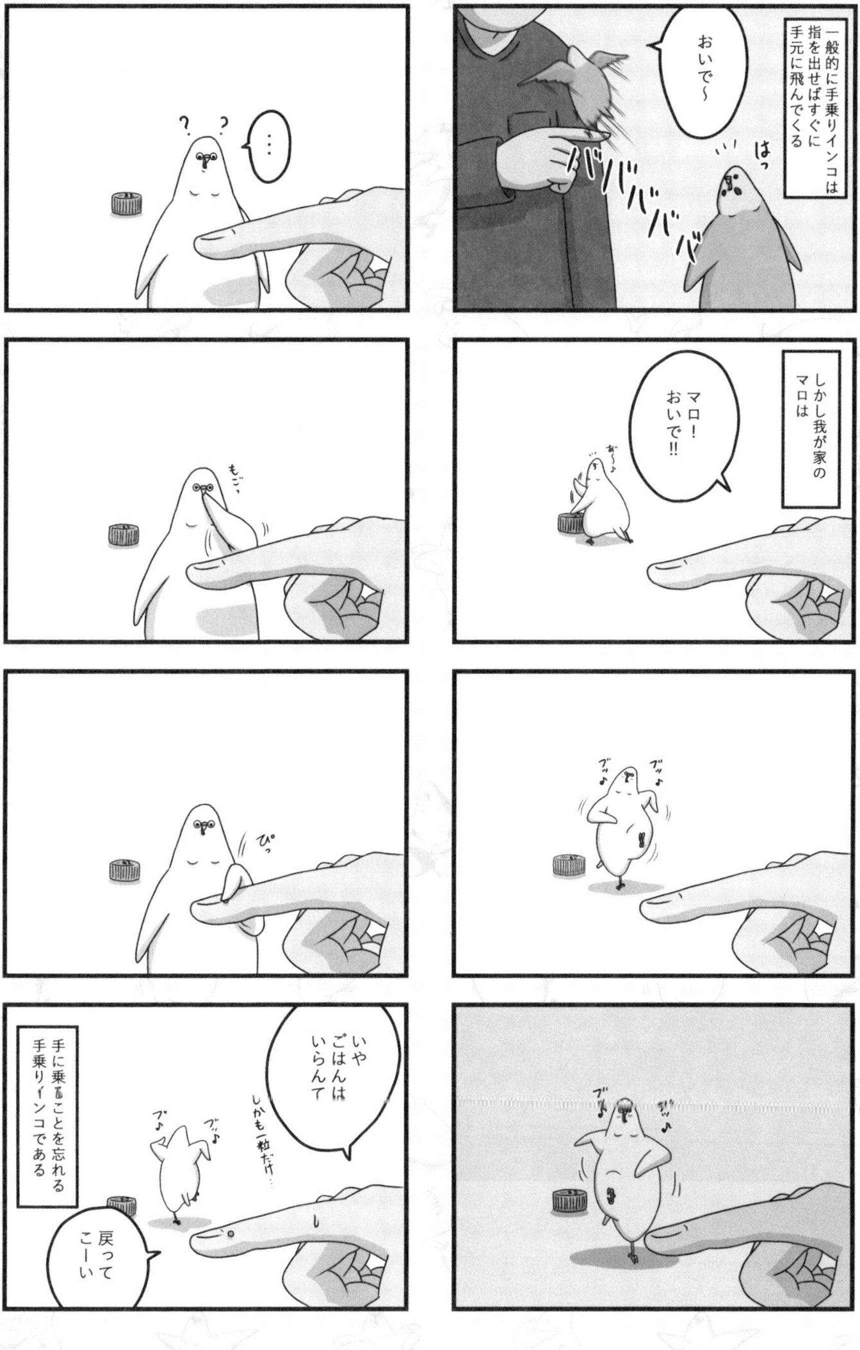
一般的に手乗りインコは指を出せばすぐに手元に飛んでくる
おいで〜
バババババ
はっ
しかし我が家のマロは
マロ！おいで!!
ブッ♪
ブッ♪
ブッ
ブッ♪
…
もご
ぴっ
いやごはんはいらんて
しかも一粒だけ…
ブ♪
ブッ♪
手に乗ることを忘れる手乗りインコである
戻ってこーい

※すでにこの時点で手乗りインコどころかインコらしさも失っていますが気にせず引き続きお楽しみください

準備体操

そろそろでかける時間じゃない？
あっ ほんとだ
じゃあマロ！ちょっくら行ってく…
…？
あれ？それ…なんのための準備体操…？
ぐっ
まさか…今から遊ぶつもり？あと10分で電車来るんだけど…
いや むりむりむりむり遊べないって!!
ブッ
早く伝えないとやばいって!!
アピールだよ…あれ絶対わざとこっちにむけてアピールしてるよ
ちゃんと帰ったら遊ぶって伝えな！
あの～…マロ？実は今からね…
ちょっとおでかけし
うん…わかってるけど少しだけお
ねんねした
ねんねした
…
40分遅刻した

眠気

この数時間後…
いってきまーす
帰ったら一緒に歌おうね！約束だよ～
プイ～
換羽気がスタート
でんっ
はっ
ブゥアッ
サアアァ
…!?
え…ちょもう寝るの!?約束したんじゃないの!?
ねんねしよ!!ねんね!!
たたたたたた
ねんねー!!
もうちょっとで返ってくるからあと少しだけがんばろ！
はっ
プヒッ
ガッ
ピッ
ガッ
ほ…ほらっっ！マロの好きな歌だよ!!
グッナイ
おこすな

寝落ち

ただいま～
あ！やっと帰ってきた!! マロはもう寝ちゃったよ!!
うそ!?
ほらっっ!!
トントトンッ
トトンッ
トントンッ
ブビッ
…
…
おきてる…
もちっ
おまたせ！おいで!!
ぴょんっ
え～っと何の曲かけようかな…
あ！マロの好きなドラ●ンボールの曲かける？
あ
グッナイ

文句

ぐぐ…ぐ…
バタンッ
びくっ
ふぅ〜 やっと閉まった
…
急にあんなデカい音出されたらびっくりするわ!!
ブ!!
どんな勢いで閉めてんだ!!
ブ!!
戻ってきたら文句いってやろ!!
ビー!!
なんていってやる?
まいっか
え
ブィ

勢い

マロは飛ぶ時
身体を沈み込ませ
ぐぐぐぐ
シュバッ
勢いよく跳ねて飛んでいく
マロ〜
おいで〜
ぐぐぐ
…
ぐぐぐ
ちょっと遠いかな?
近づいてあげるか
ぐぐぐ
…
ぐぐぐぐ
…そろそろ飛ぶな
…
ぐぐぐ

飛べよ
ひょいっ

おまけ
マロが行きたがっている方向がわかるようになった♡
ぐぐぐ
ブッ
たたたた
利用されてるだけ

変身

季節が変わって
冬の羽だったインコたちは
春の羽へと変わっていく
そんなわけで
我が家のマロも
「換羽気」に突入した
メイクアアーップ!!
バリッ
バリッ
でんっ

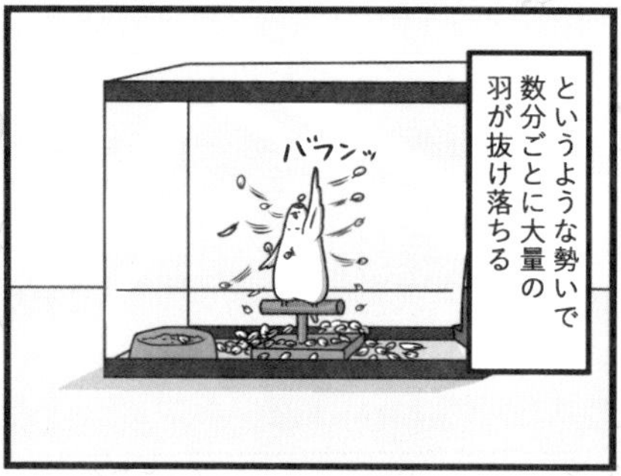
というような勢いで
数分ごとに大量の
羽が抜け落ちる
バフンッ

でんっ

冷静

ほいっ
マロの好きな
●～いお茶だよ
お茶
コトッ
Let`s party!!
ダン
ダンス♪
ダダン♪
ちょっ…
どんだけ激しく
踊ってんのｗｗ
フゥー
じゃあわたくしも
いっちょ
踊りますか!!

冷
今日もインコのペースに
振り回されてます

ダンス♪
ダン
ダダン

インコのいいところ

よろ
よろ
あ～疲れた…眠すぎる…
あともうちょいで枕のある所に…ん？マロ…あそぶの？
ドサッ
あ…むりだすまんマロ…
ブッ?
すー
zzz
ねんねしよ?
ブ?ブッ!!
ねんねした?
ぱちっ
ん…?
あ
すーっ
これがインコの
いいところ

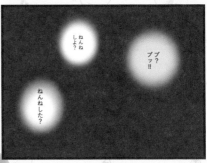

こだわり

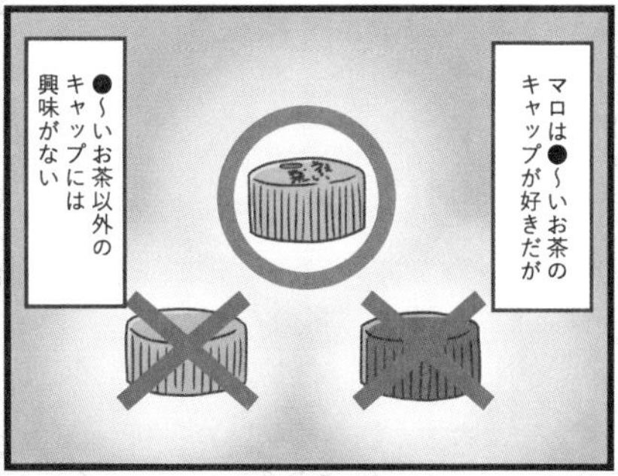
マロは●〜いお茶のキャップが好きだが
●〜いお茶以外のキャップには興味がない

きらいなキャップは
…
ひょいっ
ブイ

たっ たっ たっ たっ たっ たっ

消し去る
ぽいっ
ズイッ

ごみ処理

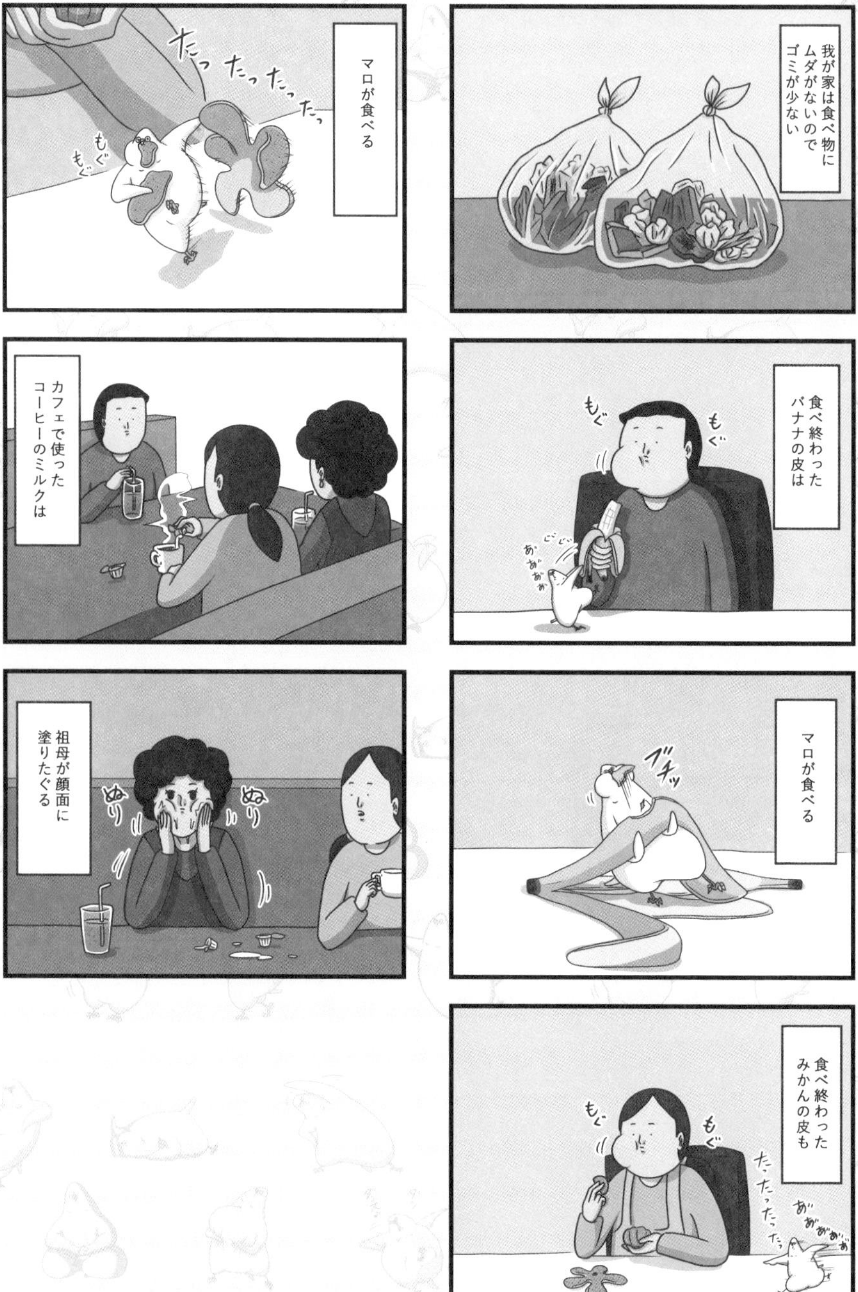

我が家は食べ物に
ムダがないので
ゴミが少ない
食べ終わった
バナナの皮は
もぐ
もぐ
マロが食べる
ブチッ
食べ終わった
みかんの皮も
もぐ
もぐ
たったったったっ
マロが食べる
たっ たったったったっ
もぐもぐ
カフェで使った
コーヒーのミルクは
祖母が顔面に
塗りたぐる
ぬり
ぬり

ムチムチ

インコは気に入った言葉を覚える
マロはムチムチしてるね！
ブピピッ
いつもムチムチしててかっこいいよ！
そのため
マロは「ムチムチしてるね」と言うようになってしまった
ムチムチしてるね！
びしっ
ムチムチしてるね!!
ブィ
よりによって母にむかって
ムチムチしてる!!
…

リズム

マロはよく
リズムに乗る
ブンッ
ブンッ
ブイッ
ブイッ

寝てる人の上でも
気にせずリズムに乗る
ブンッ
ブンッ
ゆさ
ゆさ

これだと寝られないので
観葉植物の上に乗せた
ひょいっ
ブ
もう少しだけ
寝たいから
ここで踊って
待っててね

キャー!!
とまってぇぇー!!

大変なことになってた
バッサァアアアァ
いやぁぁぁあ
葉っぱがぁぁ!!

貧富の差

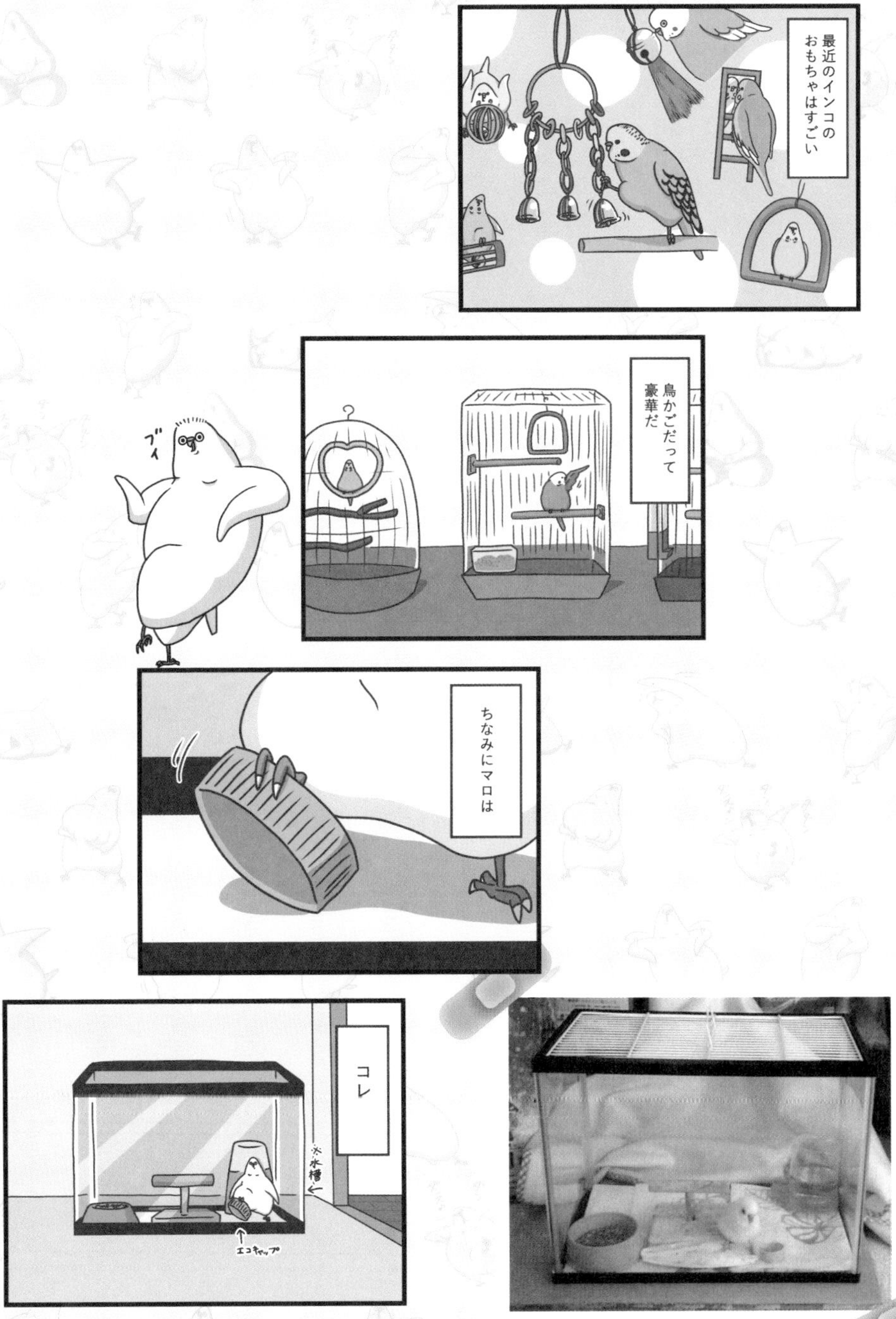
最近のインコのおもちゃはすごい
鳥かごだって豪華だ
ブイ
ちなみにマロは
コレ
※水槽
エコキャップ

花の芽生え

以前マロの水槽についての漫画を投稿をした際その投稿を見た母がある行動に出た
コレ
水槽
「いいね」しました
あれ？なに貼ってるの？
ぺたぺた
まぁちょっとね…
ブイ
あぁなるほど
できた！これでまた投稿していいよ
見栄か
花柄のテープ

幸運

世の中では鳥のフンが
落ちてきたことを
幸運が落ちてきたという
ことがある
ぽたっ
ぽたっ
ぽたっ
ああぁぁぁ
ぽたっ
ビチャ
ビチャ
鳥のフンが頭の上に
落ちてくることは滅多にないため
もしも落とされたなら幸運の前兆や
金運が上昇するといわれる
ブイ
だとすると我が家は
いってきまーす
ガチャ
はーい
めちゃくちゃ
幸せかもなのかも
しれない
フン
フン
くるっ
でんっ

視線

最近ぼくは
ある悩みを抱えている
・・・
それは一人で
リビングにいる時
誰かに見られている
ような気がするのだ
誰もいないのに
ブィ

事故

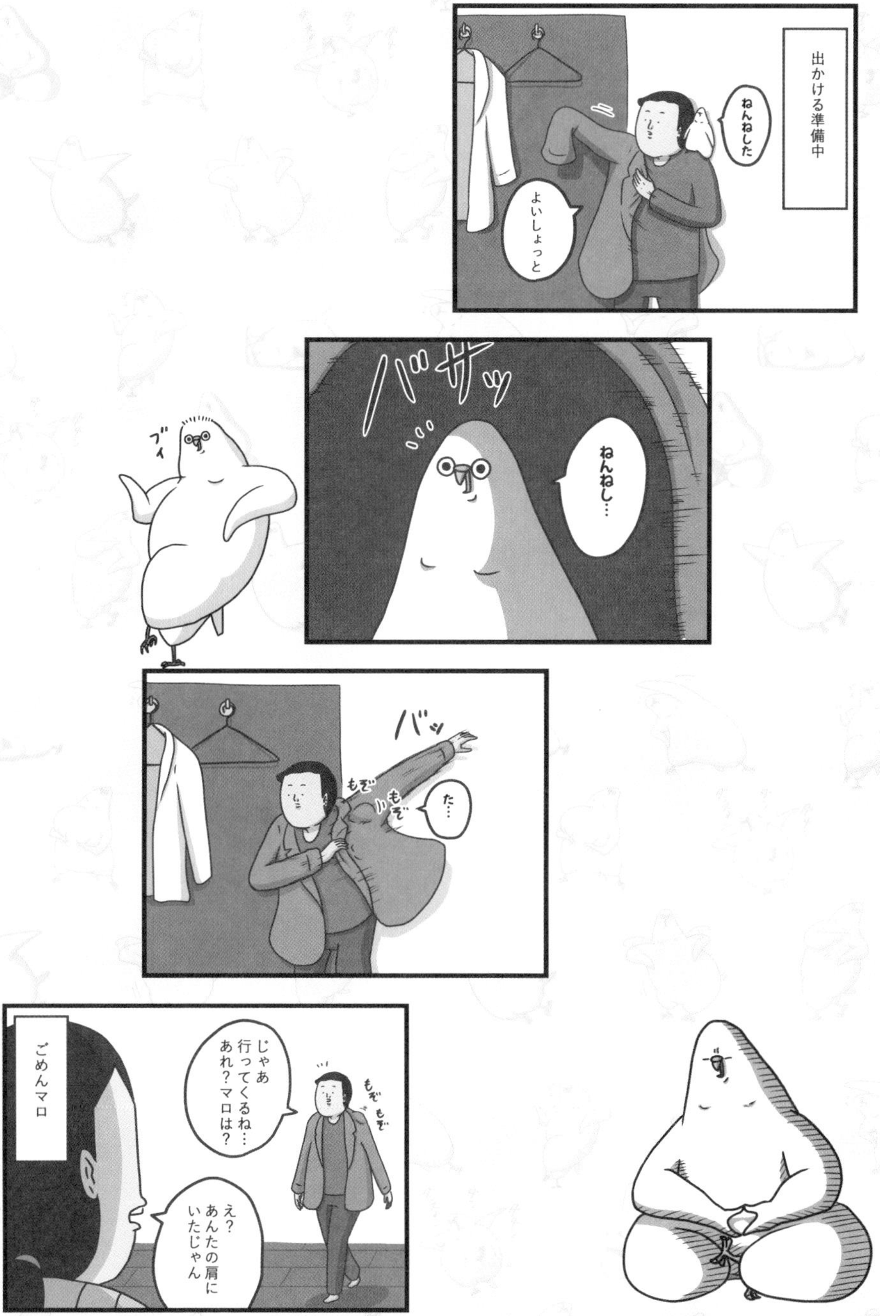
出かける準備中
ねんねした
よいしょっと
バサッ
ねんねし…
ブィ
バッ
もぞ
もぞ
た…
じゃあ
行ってくるね…
あれ？マロは？
もぞ
もぞ
え？
あんたの肩に
いたじゃん
ごめんマロ

進化

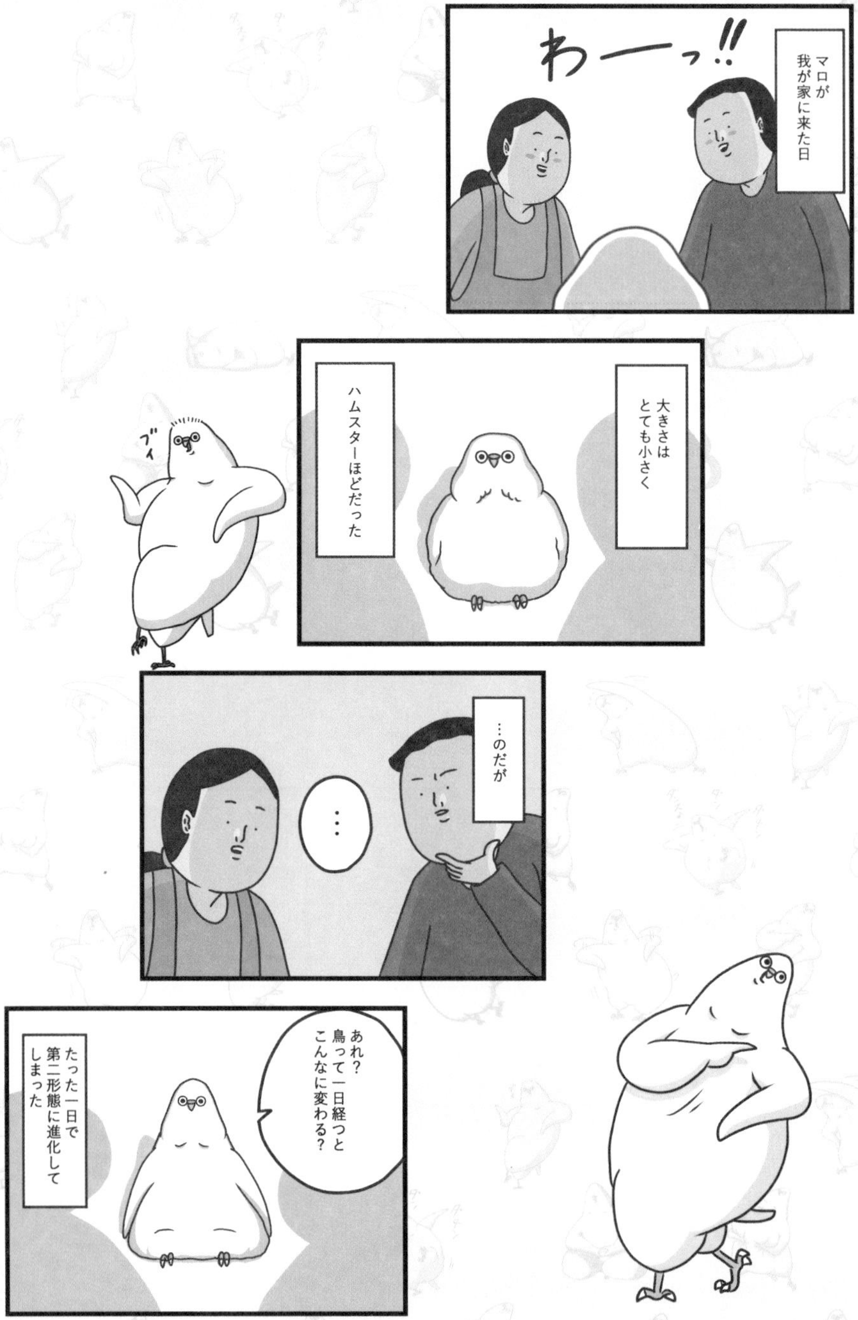

マロが
我が家に来た日
わーっ!!
大きさは
とても小さく
ハムスターほどだった
ブイ
…のだが
…
あれ?
鳥って一日経つと
こんなに変わる?
たった一日で
第二形態に進化して
しまった

お気に入り

ぽいっ
おいで～…あっ！まった!!
遊ぶ前に先にそこでうんちしちゃって
うんちうんちうんちうんちっ♪
うんちうんちうんちうんちっ♪
やめなさい!!
マロが覚えたらどうすんの!!
大丈夫だよマロは気に入った言葉しか覚えないじゃんっ
？
すっ

←ミッキーマウスマーチの前奏のリズム

シングルとアルバム両方買う勢いで気に入ってた
Unchi
JAZZ
ブッ
ブッ
ブッブッ
こりゃ覚えるな

留守番

じゃあ
ちょっと
行ってくるわ
あ
帰りにアイス
買ってきて
ねこモナカ
ジャンボな
マロ！
いいこに
まってるんだよ？
すぐ
帰ってくるからね
ブッ!!
ブ！
1時間後
ダダダダ
ただいま～
あ！
帰ってきた!!
早く!!
こっち!!
ずーん
ブ…
インコは
少しでかけただけでも
こうなる
だああああああ
おいてかれた…
なんで…
一泊の旅行になんて
行こうものなら…
ただいま～
たった一日で
ハチ公物語のような
リアクションをする
ぎゃああああ
ああああ!!

キューティー

ブッ♪
ブッ♪
びてんっ
びてんっ
…
え〜
ポス
ブ…
え…
?
ねえ!!
みて!! マロがおでこ触らせてくれた!!
たったったったったったっ
え!! すごい!!
ほらっ!
うわー!! かわ…
ヴィ…
ヴィイイイ…
かわ…
すっごーい
「かわいい」という たった4文字が 言えない時だってある

きれいなジャイアン

マロ!!
たくさん遊んだから一旦おうちだよ!
ねんねだよ!
よじ
よじ
たったったっ
了解!!
ん?
よし!!ナイス!!早くフタ閉めて!!
あ!!きれいなジャイアンがひっくり返ってる!!
キーホルダー
脱出
ああああああああ!!
だって…きれいなジャイアンが…
今はどうでもいいでしょ!!
何してんの!!
別の日
マロ〜遊ぼうね〜
プ
あ まってきれいなジャイアンが…
サッ

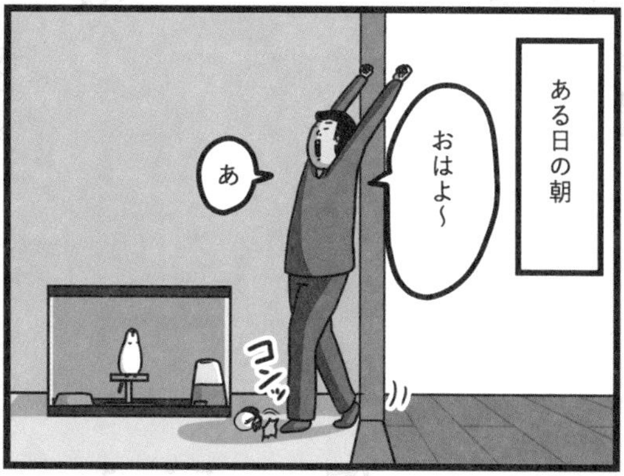
ある日の朝
おはよ～
あ
コンッ

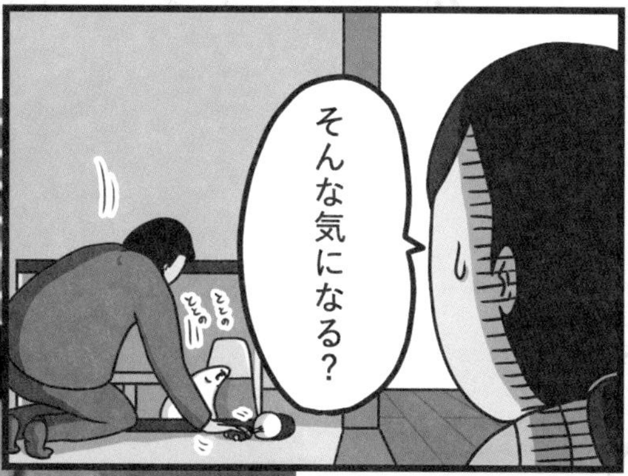
そんな気になる？
ととの
ととの

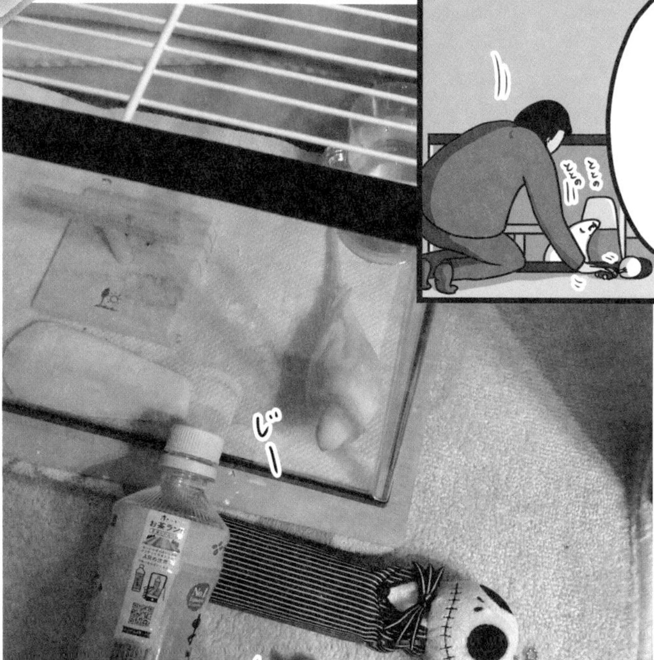
ジー
ととの
ととの

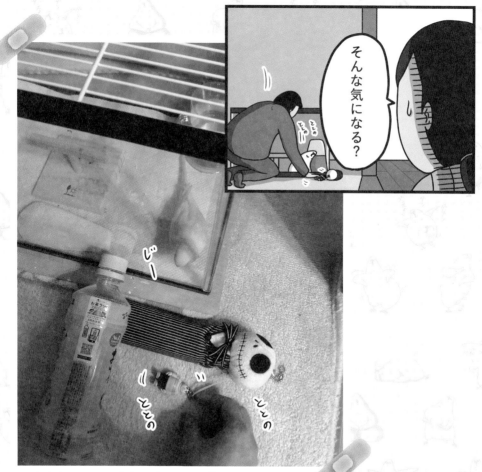

コーヒータイム

至福
ぼにんっ
ブッ
コーヒータイムしてるから邪魔しちゃダメだよ
…
スタ
スタ
痛った…
ブッ
あ
ぶにんっ
ジャマしちゃダメだって!
ブッ!
くっそ…全然飲めねぇ…
あ…!でもうまく気をそらしてくれてるじゃん!!
ナイス!!
よし!!今のうちに…!!
いや!その前に最終チェック!!
ちらっ
チクってんのお前やん

ゾンビゲーム

鳥好きがゾンビゲームをすると
あることが起こる
やだ～キモチワルイ～
ん？
パン
アアアアアアア…
※ゲームの世界です
あ!! 鳥だ!
すご!! まさか家の中でバードウォッチングできるなんて!
これはたぶんコマドリだよなぁ
ずっとここで観てられるわw
あ

のびる

マロはテンションがあがると…
OFF
ON
パチッ
フサァァァ
おでこがのびる

家でテレビをつけた時
ピッ

お昼のニュースです
本日7時頃
あたりめの価格が急激
高騰したとして不満の
あがっています
・・・
ピッ

※ドラゴンボール大好き
フサァァァ
つかもうぜっ!!♪
ドラゴンボール!!
ピッ

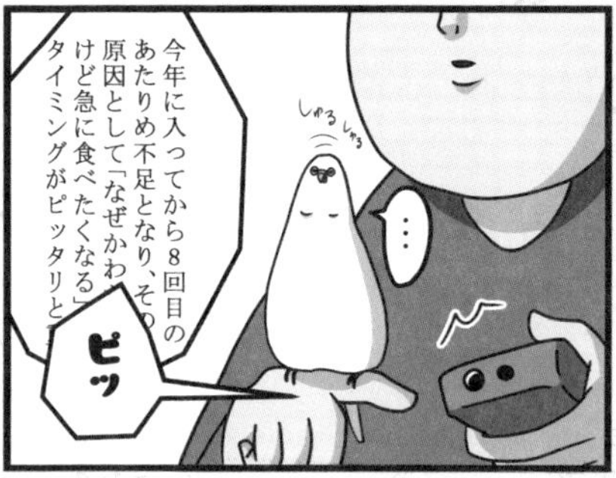
今年に入ってから8回目の
あたりめ不足となり、その
原因として「なぜかわ
けど急に食べたくなる」
タイミングがピッタリと
・・・
ピッ

そうさ~今こそ♪
アドベンチャ~♬
っ…w
楽しい

まて!!

朝
餌いれるよ〜
よいしょっと
ポスッ
早く食べたいのね
ちょっとまっててね今入れるから
タッ
カパッ
スタッ
とりのえさ
うず うず
サラ〜
うず うず
サラ〜
バッ
え…
ドシャアッ
まってって言ったでしょ!!
うめ
うめぇ

褒美

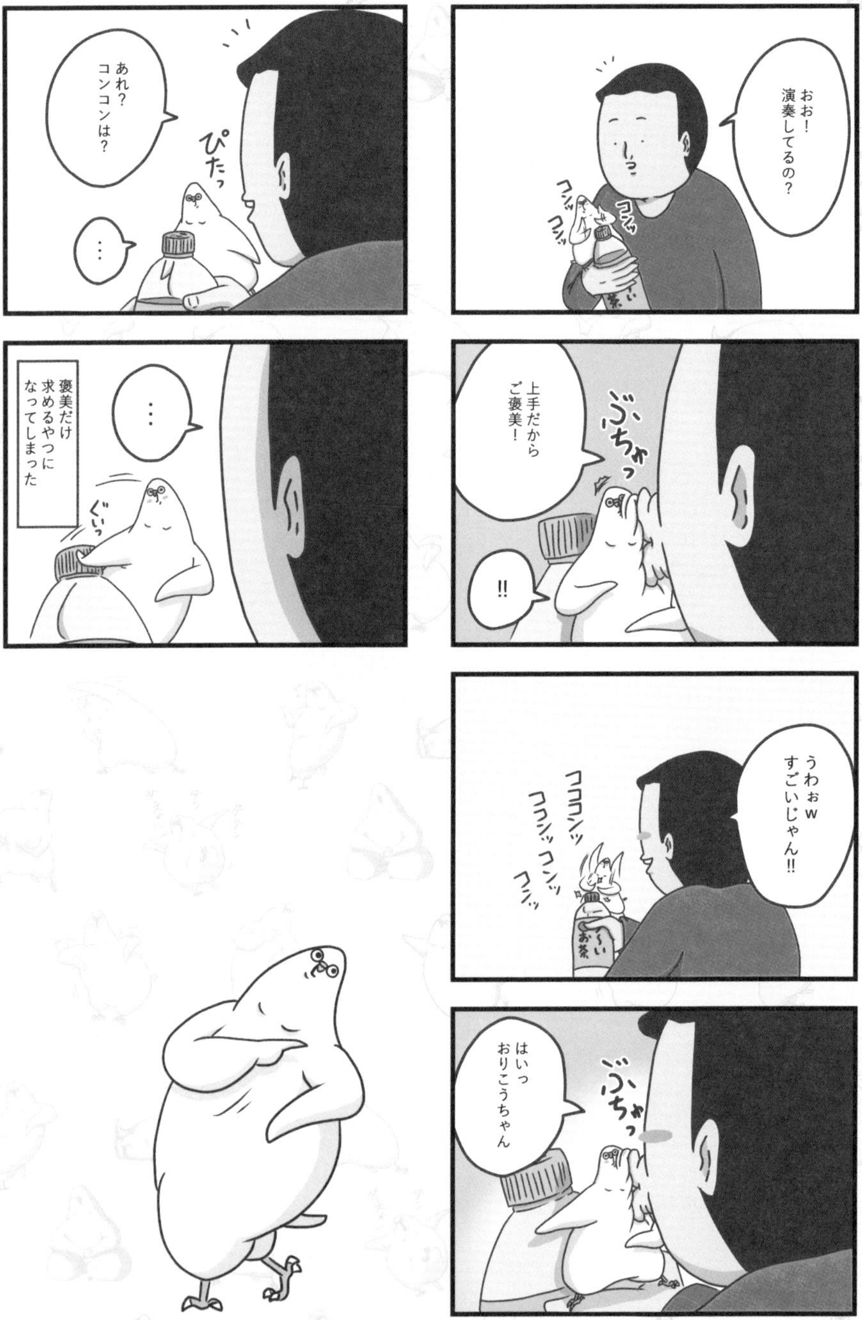

おお！演奏してるの？
コンッ
コンッ
コンッ
上手だからご褒美！
ぶちゅっ
!!
うわぉw すごいじゃん!!
コココンッ
ココンッ コンッ
コンッ
はいっ おりこうちゃん
ぶちゅっ
あれ？ コンコンは？
ぴたっ
…
…
ぐいっ
褒美だけ求めるやつになってしまった

爆誕

我が家のインコはとげとげの木でおでこを掻く
ガリ
ゴリ
ガリ
ゴリ
ゴリ
枝でそんなに削っちゃダメ!!
ダダダダ
毎日毎日掻いて掻いて
ガリ
ガリ
ガリ
ガリ
ガリ
ガリ
ガリ
おでこが削れちゃうから!!
掻きまくった結果…
ゴリ
ゴリ
ガリ
ゴリ
バキッ
え…
マロが削ったところから新芽が…!?なんで!?
マロが新たな命を創り出した…!!
ブ!?
ト●ロ疑惑さらに深まる
やはりきみはト●ロなのか!!
おでこちゃん
この後、新芽はおでこによって生まれたため【おでこちゃん】と名づけられる

ボディーガード①

先日、マロのおでこによって突如誕生した観葉植物の新芽通称おでこちゃん
おでこちゃんがしっかりと大きく育つまで外部の天敵から身を守らなくてはならない
おーいマロ〜どこにいるの〜?
あ、いた!…ん?
…おいおいおいおいまてまてまてまてっ!!
じー
…
や…やめ…やめろよ…?絶対…やめろよ?アンタのおでこの子だかんな…?
あかーーーん!!
んああああ
ママママ…マロ……マロ!!
バッ
!!
お…●〜いお茶でも一杯どうだい?
ひょいっ
バシュッ
ブ!?
ギリギリ任務成功

ボディーガード②

ねんねしたー!
これたたんだら遊ぶからまっててね
マロ〜
よいしょっ
すくっ
おでこちゃん
おでこちゃぁぁぁん!!
無傷
ぱっ
?!??
え…ん?
…無事なの!?
ブッ
ふぅ…
あっぷねぇ〜
たぶんそろそろやばいです

汚れ

うわぁぁ どうしよう!!
だだだだだだだ
そ〜…
ごめん… 食べてた ナポリタン 付いちゃった
ええ!? 白い服は汚れが 目立つのにっ!!
いや〜 失敗失敗
あ?
でも その服…
全然 汚れてない じゃん!
ああ… ちがう

でんっ
汚れたの こっち

ダダン
ダン
ダンス♪

水と油

ん？飲むの？
ブッ
じゃあ少しだけね
スッ
ちょっと飲みすぎだよw
あはは
ごくっ
ごくっ
油が浮いてる
ごっ
ごっ
もわ～

あ…もうそれはマロにあげる…
プハッ
おめえの口ばしどんだけ脂ぎってんのさ

ブイ

戦地

犬の芸には「バン!」と言うと撃たれたフリをするというものがある
バンッ!!
こてっ
我が家のインコではどうなると思いますか?
…
バンッ!!
…
全力で反撃してくる
プシュッ
プシュッ
プシュッ
プシュッ
プシュッ
そして争い勃発
バン バン バン バン バン バン バン バン
プシュ プシュ プシュ プシュ プシュ プシュ プシュ プシュ プシュ
両者ともに鎮まれ!!
バ…
プシ…
争いなんて無意味なことやめにして仲良くしようぜ!
グッ

平和
パァァアァアッ

バンバン
バンバン
バンバン
プシュ
バンバン
プシュ
プシュ
バン
プシュ
プシュ
プシュ
プシュプシュ
プシュ
プシュ
くっ…
プシュ

戦闘力

ん?
だきっ
なに？よりかかってんの？♡
うぇ〜い お茶
あれ…まって…
…
うぇ〜い お茶
押す力強くないっ!?
やばい…放しそう…
いやだめだ!! ここで放したら
すぽんっ パッ
そのままのいきおいでぶっとんでしまう…
…それにしても
ミシ
もてっ
くっ…っ
うぇ〜い お茶
なんてパワーだ!!
しかもあんな涼しい顔で…!?
まだまだ本気を出していないのにこの力か!?
もてっ
ミシ

後日
母にそのことを
話したら
そんな大袈裟な…
いくらマロが重め
だからって
そこまでじゃないよ
ねえ～？
失礼だよね～
ブィ
くっ…!?
もてっ

多忙

子育ての時期に入り
普段遊んでいるおもちゃを
子どもとして育てるため
食糧調達に必死なマロ
食べる物をさがしてる
キョロ
キョロ
マロ～
気分転換に
遊ぼうよ～
ん～
イラ
イラ
イラ
イラ
キョロ
キョロ
ガッ
じゃまや!!…
やわらかい唇
グリッ
つ・・・・!!
あ゛ああ
忙しそうな人や動物の
邪魔はやめましょうね

名作

ねんねしよっか!!
はいはい眠いのね
ビー!!
ちがうの?眠いからねんねするんでしょ
シャアアア!!
ねんねしよっか!!
ねんね!!
ねんね!!
…
眠くないけどおなかすいたからメシ食べに帰りたいんだよね
ねんねし…
でしょ?
…
ねんねのワケが知りたくて。
「ねんねしよっか」の本当の意味が明かされる。
突然名作が牛まれた
3.18
ROADSHOW

眉間

ブッ!
え 水浴びするの?
ジャー
え~ちょっと… こんな真冬に 寒くないの?
ちょろろろろろろ
ぴち ぴち
ブッ
ブィ
ブィ
あ゛あ゛あ゛あ゛
あ゛あ゛あ゛あ゛
水浴び終了
かなり 長い間浴びたね
ごし ごし
サッパリ しましたか?
バッ
ブィ!!
いやフフ こわフ!! 何その顔⁉
てれっ
ブヒヒ♪
なんで 照れてんの!!
どうやら顔を濡らしすぎて 眉間にしわが寄ってるような 毛の形になってしまったようで
はい 風呂あがりの ごはんね

どうですか?
おいしいですか?
もぐ
もぐ

ブッ!!
だから
怖えーよ
いちいち
迫力がすごかった

鳥扱い説明コーナー!!
いえーーーい！
マロを飼い始めた当時たくさんの本屋ネットを読み漁り勉強した
ここではインコの飼い方や鳥が快適に過ごせるために必要なアイテムなどについて学んだことをシェアするよ！
※この情報が絶対正しいわけではないので参考程度に読んでね！
まずは鳥かごについて
インコなどの鳥は基本鳥かごで生活する
自分で餌を食べれるようになってきた時期くらいから雛用の小さな水槽や虫かごから鳥かごへと移す
はじめのうちは鳥かごに入ると怖がってしまう場合があるがその際は無理せず元の水槽に戻してあげて時間を空けてからまた入れてあげるすると2~3日で慣れてくる
3日後
1週間後
1か月後
…
マロは慣れなかった
でんっ
新しく水そう買った↓

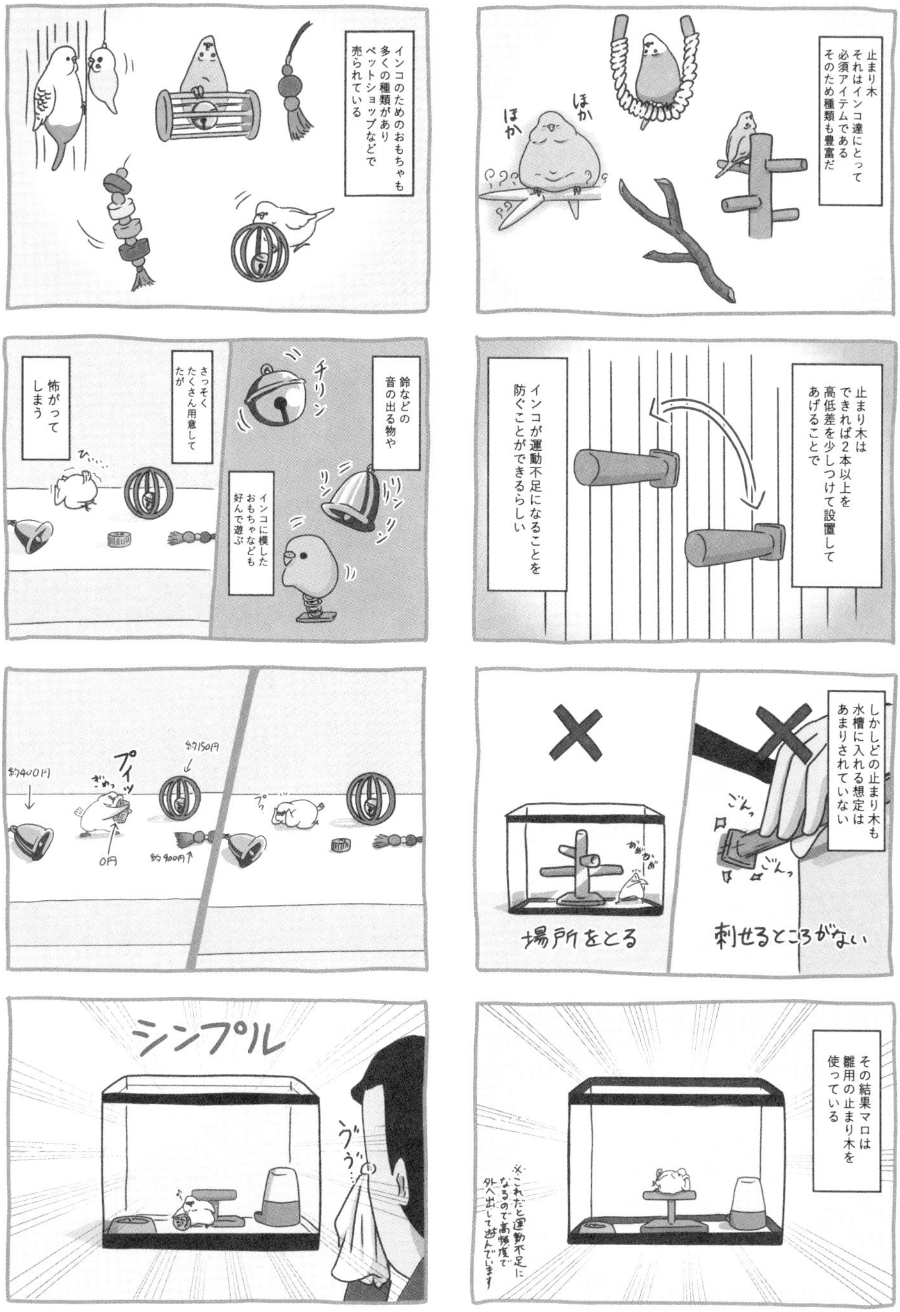
止まり木
それはインコ達にとって
必須アイテムである
そのため種類も豊富だ
ほか
ほか
止まり木は
できれば2本以上を
高低差を少しつけて設置して
あげることで
インコが運動不足になることを
防ぐことができるらしい
しかしどの止まり木も
水槽に入れる想定は
あまりされていない
ごんっ
ごんっ
場所をとる
刺せるところがない
その結果マロは
雛用の止まり木を
使っている
※これだと運動不足に
なるので高頻度で
外へ出して遊んでいます
インコのためのおもちゃも
多くの種類があり
ペットショップなどで
売られている
鈴などの
音の出る物や
チリン
リン
リンリン
インコに模した
おもちゃなども
好んで遊ぶ
さっそく
たくさん用意して
たが
ひ…
怖がって
しまう
約400円
ぎゅっ
プイッ
約150円
0円
約900円
プ?
シンプル
ゔゔ…

あ゛あ゛あ゛あ゛あ゛あ゛あ゛

他の鳥との交流

貴族

祖母が一週間家を空けるため
祖母の飼っているインコを
預ることになった
はい…っ
名前を「プル」♀
簡単に紹介すると
プルちゃーん
同種のオスよりも
人間のイケメンを
追いかけ続けた結果…
ピゴォォォォォ!!!
かわいこちゃんだ
イースターかのような
大量の卵を産むという
伝説の持ち主
でででーん!
※全て無精卵です
そんなプルの取説を見て
祖母による指示の細かさに
驚いたのと同時に
ずっしり
こまか!!っ
この扱いはもはや
ただのインコではなく
大切に育てられた
貴族令嬢に等しいと
気づいた
あら?
頭が高いわよ
PRINCESS
そうとわかれば
決して無礼があっては
ならない
こちらが
プル様に一週間
過ごしていただく
お部屋でございます
ブ!!
!?
あ!!
え〜…
あちらに
おりますのは
サッ

ねんねした!!
…
今この瞬間
我々の極刑が確定した
は？

UMA

家の中に自分以外の生き物が増えたことによる新鮮な気持ちを味わう日々
なんか曲かけよっか!
ピーブッ
ブィ
ははは…静かにのってる
フン♪
フフン♪
そこに突如現れる未確認生物
何あれ!?
ブッ♪
ブッ♪
ダダン
ダン
ダンス♪

優先

祖母の飼っているインコのプルを預かる前は
我が家のマロと仲良くなりすぎてしまい人に懐かなくなってしまうのではと心配していた
プル
マロ
そんな心配をあざ笑うように互いに一切干渉せず自己を押し通す2羽
おれだ おれだ おれだ おれだ おれだ おれだ おれだ おれだ おれだ
あたしよ あたしよ あたしよ あたしよ あたしよ あたしよ あたしよ あたしよ
ブッ!! ブッ!!
シャーッ!! ブィ!!
ビィィィ!! ビィ!!
じゃあ家主だし先にマロあそぼっか
プ
バッ
そーれむっちむち
ビイイイイイ!!
プルが先に遊ぶの…?
ヴィ!!
で…でもマロが家主だからそこはマロが先にたほうがかな…と
ビッ!!
…でもさ
ビビャ!!
しかしプル様…それではマロが嫉妬してしまいます
ビッ
そこをなんとかお許しいただけませんでしょうか…
…
一に王女 二に王女 三、四がなくて五に王女
失礼しちゃうわ
ごめん!!
あとでたくさん遊ぶから!!

香り

インコの特徴の
一つともいえる
インコの香り
我が家で預かることに
なった王女プル様は
どんな香りなのか

さっそく
嗅がせていただいた
くんっ
くんっ

わざわざ
説明するまでも
ないだろう

では
我が家のマロも
嗅いでみよう
バババババ
おいでっ

以前嗅いだ時は
クラムチャウダーだったが
はたして変化はあるのだろうか
マロから
クラムチャウダー
匂いがする!!
スー…
ぴたんっ

はっ…!!
水族館…?
ザパーン
これもわざわざ
説明するまでも
ないだろう

ブイ

誤算

よくペットショップで見かける「キバタン」
ギャー
なんと最長で約70年も生きると言われている
昔、祖母と2人でペットショップに行った時に祖母がつぶやいた
70年も生きるなんてこの子はすごいね…
約70年も生きるキバタン
あたしなんて2年ももたない気がするわ…
ガーン
その日の夜ぼくはたくさんの涙を流した
あれから17年経った現在
…
ギャー…ッ
まじ涙返して
ほんとこの子すごいわ…あたしなんてもう40年ももたない気がする…

鋼の心①

普通、鳥は
人を避けるもの
スタ
ぱぱぱぱっ
ぱぱぱっ
スタ
しかし近所に住む
ハクセキレイの
はくのすけ(我が家で命名)は
ちがう
道ではくのすけと
出会ってしまうと
…
フンッ
彼は決して道を
ゆずってくれない
ブ～ッ
ブ～ッ
どいてよ
は?
おまえが
どけし
→みたいなこと言ってそう

鋼の心②

道をゆずるのが
きらいな
はくのすけ
全てのハクセキレイが
そういうわけではなく
ただはくのすけが
鋼の心なのだ
サーッ
サーッ
たたたた
たたたた
たたた
ある日
祖母と車で
出かけていた時のこと
あ!
ハクセキレイだ!!
あ、ほんとだ
どいてくれるかしら
はくのすけ
じゃなければね…
もしはくのすけ
だったら
合図出すよ
さぁ…
どっちだ…?
ラジャ
ごくっ

キキーッ
くっ
だめだ‼
はくのすけだ！
止めて‼

はくのすけが道に
いた時はどうか
止まってあげて下さい
22-22
こんなの
よけるまでも
ねえ

カワセミブラザーズ①

ん?
あ
カワセミじゃん
まだここにいるんだぁ
釣りせんといてな
いや〜
なつかしいなぁ…
いた!!
13年前
釣りせんといてな
よし！
今日こそ
写真撮ったるわ!!
ああっ…
やっぱ
家のデジカメだと
撮れるわけないか…
そんなこと
ねぇぜ…
ぼうず
?
これが彼らとの
出会いだった
ついてこい
おれらが
教えてやる

カワセミブラザーズ②

おじさんたちも
カワセミの写真
撮ってるの?
ああ
見てみろ
?
うわ!!
すごい!!!!
これ全部おじさんが
撮ったの!?
ああ
これまでに
撮ってきた
写真だ
こんなに…!?
すごい…
…ん?あ!
ワンちゃん!
あっ…
おい!やめとけ
そいつはキレるぞ
お…おいっ!
よせ!!
ヴヴヴヴヴ
まさか…
そんな…
ぐにっ
バ…バカなっ
シェリーちゃんが
認めた!?
必死に押さえ
こんでるだけ
ぐっ
おれの仲間たち
だって慣れるまでに
一か月近く
かかったんだぞ…
それを
こいつは…
ちょっと
山田さん!!
大変だ!!
ダッ

カワセミブラザーズ③

なに⁉ カワセミを見失った⁉
あぁ… ちょっと佐藤さん達と話してるうちに…
くそ… おれ達はもう歳で目が悪いからなぁ
今日のところは諦めるしかないですね…
あ カワセミだ
え⁉
ほらっ
てんっ
いたぞ!!
急げ!! 位置につけ!!
…なぁ ぼうずよぉ
ん?
ドタ バタ
お前が最高の写真を撮れるよう俺たちが訓練してやる
その代わり今日一日俺らの目になってカワセミを探してくれ
わかった
こうして彼らによる修行が数時間行われた
その結果
撮れた!!
よう 写っとるわ
やったな
なかなか良いのが撮れたじゃないか
うん!
よし! もっと撮りに行こう!!
…
? あれ? どうしたの?
カワセミ逃げちゃうよ!
ぼうず…
ここから先はお前ひとりで行け
え⁉
おれらはもうここまでだ
なんで⁉
これから会長ん家で飯食うから
あ?
用事あるならしょうがないか! じゃあね!
おう! またな
たったったっ
…
ぼうず!!
ひらっ

ありがとう
カワセミブラザーズ

性格も色も十人十色!!
セキセイインコ
ダアア
オオオ
イエーイ
臆病なカップル & 気の強いカップル
ボタンインコ & コザクラインコ
ぎゅっ
優しきシンガー
オカメインコ
ポロロン♪
体は大きめ コミュ力高め
キバタン & ヨウム
♪~
♪~
インコは オスの方が人間の言葉を よくしゃべる
ありおりはべり いまそかり
こんでんえいねん しざいほう
なぜ比較的 オスの方がよく 言葉を覚えるのか
ピーピー チー
ピーピー チー
それはオスがメスの 鳴き方の真似をして 興味を惹こうとする 性質を持つためらしい
おはよう!
おはよう!
元気ですか?
元気ですか?
つまり相手のために 合わせてくれているのだ
おはよう!
ねんね した
元気ですか?
ほじ ほじ
腰 痛いかも
合わせてくれない やつもいるけど

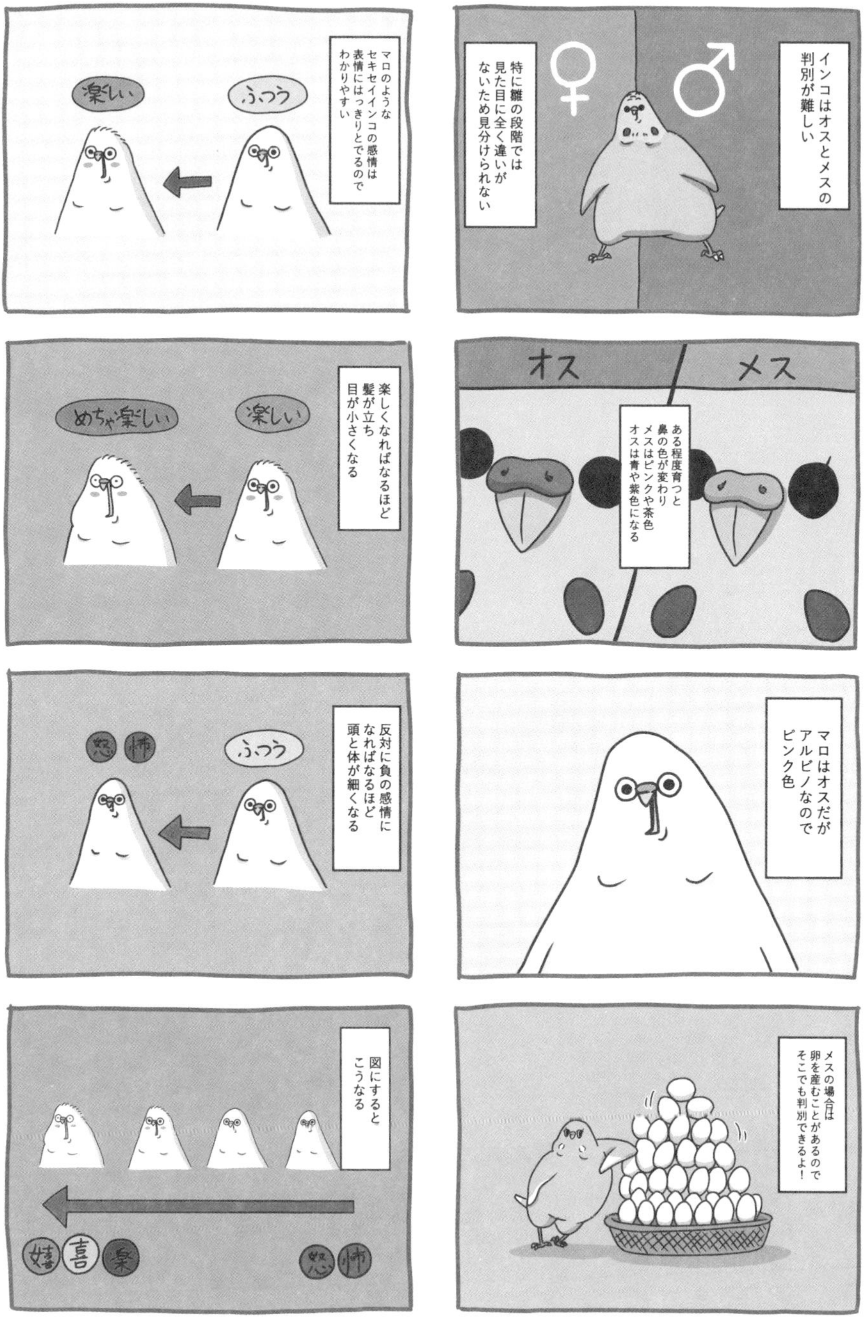
インコはオスとメスの
判別が難しい
特に雛の段階では
見た目に全く違いが
ないため見分けられない
オス
メス
ある程度育つと
鼻の色が変わり
メスはピンクや茶色
オスは青や紫色になる
マロはオスだが
アルビノなので
ピンク色
メスの場合は
卵を産むことがあるので
そこでも判別できるよ！
マロのような
セキセイインコの感情は
表情にはっきりとでるので
わかりやすい
ふつう
楽しい
楽しくなればなるほど
髪が立ち
目が小さくなる
楽しい
めちゃ楽しい
反対に負の感情に
なればなるほど
頭と体が細くなる
ふつう
怒
怖
図にすると
こうなる
嬉
喜
楽
怒
怖

あとがき

ガチャッ
楽屋
え!! もうここまで読んでくださったんですか!?
バタ バタ
やばっ!!
早く…早く!!
…え～皆さんお待たせいたしました
フッ
ではさっそくあとがきのコーナーをはじめさせていただきます
…とその前にこの本を手に取ってくださりそしてここまで読んでくださりありがとうございました!
ペコッ
ずるっ
ここ、あとがきではインコのましゅマロのルーツである幼少期に描いた漫画などについてご紹介させていただきます
ブッ
ではどうぞお楽しみくださいませ!!
どすっ
小学生の時に当時飼っていたインコみるちゃんの漫画を描いていました
タイトルは【ふわふわミルク】
ふわふわ ミルク
長期にわたり描かれ続けたこの漫画は1～6巻(?)までありました(笑)
college

放課後や休みの日には
ネタ探しをしに近所をうろつき
家ではみるちゃんと遊び
うわぁぁ餌はいらないよ!!
どろ…
そんな日々の生活のすべてを漫画で描いていました
今ではSNSで時々写真を載せていますが
当時はノートに直接貼り付けていました(笑)
そんなこんなで漫画を描きつづけていたある日
うわ…
今回の話めっちゃおもしろく描けちゃった…
これは読者のみんなも喜ぶぞ!!
マンガ家気分
NOTE
…って読者なんていないんだった(笑)

配りな
はっ
それからはノートではなく漫画の原稿用紙に描き
コピーして近所に配りまくるというはた迷惑なことをしていた
これが実際に配っていた漫画です
当時これらがポストに入っていた方々すみませんでした
数年後
ねえ！なつかしいノートでてきた
ブイッ
ブイッ
うわぁぁなつかしい〜
また昔みたいに漫画描きなよ
いや〜…描いたって昔みたいに近所に配るわけにもいかないから見てもらえないしいいや
…
漫画描いてSNSに載せれば？
はっ
はっ
おしまい

タクセニョリータ

2000年生まれ。幼い頃から描くのが好きだった日常漫画を2018年より再び描き始めSNSに投稿。趣味は神社めぐりと野鳥観察、そして自宅で飼っているセキセイインコのマロと一緒に歌う事。いつも夢見るドリマリスト。

インコのましゅマロ

2023年10月13日　第1刷発行

著者／タクセニョリータ
デザイン／株式会社のほん
編集／松本貴子（産業編集センター）

発行／株式会社産業編集センター
〒112-0011　東京都文京区千石4丁目39番17号
TEL 03-5395-6133 FAX 03-5395-5320

印刷・製本／萩原印刷株式会社

ISBN978-4-86311-382-4 C0095